COURS ÉLÉMENTAIRE

DE

TRIGONOMÉTRIE RECTILIGNE.

COURS ÉLÉMENTAIRE

DE

TRIGONOMÉTRIE RECTILIGNE

A L'USAGE

DES LYCÉES ET DES COLLÉGES,

ET DE TOUS LES ÉTABLISSEMENTS D'INSTRUCTION PUBLIQUE;

CONFORME AU PROGRAMME OFFICIEL;

CONTENANT UN GRAND NOMBRE D'EXERCICES ET D'APPLICATIONS.

PAR A. GUILMIN,

PROFESSEUR DE MATHÉMATIQUES.

———

TROISIÈME ÉDITION

entièrement refondue et améliorée.

————⟨⟩————

PARIS.

AUGUSTE DURAND, LIBRAIRE,

Rue des Grès, 7.

—

1863

ERRATA.

Page 43, ligne 5 en remontant, Ex. 92, *au lieu de :* sinus, *lisez :* cosinus.

Page 69, ligne 5 en descendant, *au lieu de :* Prolongement direct, *lisez :* Prolonger une droite.

COURS

DE

TRIGONOMÉTRIE.

PRÉLIMINAIRES.

1. La trigonométrie a pour objet principal de résoudre les triangles.

Résoudre un triangle, c'est *calculer* ses éléments, angles ou côtés, à l'aide de données suffisantes pour déterminer ce triangle.

On apprend en géométrie à construire un triangle avec les mêmes données. Mais, à cause de l'imperfection de nos instruments, on ne parvient pas ainsi généralement à déterminer les éléments cherchés avec une exactitude suffisante; on ne sait même pas avec quel degré d'approximation ces éléments sont obtenus : c'est pourquoi l'on a recours au calcul (*).

2. Les côtés d'un triangle sont représentés dans le calcul par les nombres qui expriment leurs longueurs mesurées avec une certaine unité, le mètre par exemple.

(*) *Comparaison des deux méthodes.*

Constructions graphiques (*Géométrie*). On commet en employant ces constructions des erreurs successives, inévitables parce qu'elles proviennent de l'imperfection de nos instruments. On commet ces erreurs : 1° en mesurant les angles et les longueurs sur le terrain; 2° en se servant de ces données pour construire sur le papier une figure semblable à celle du terrain; 3° en mesurant les angles et les longueurs trouvées par cette construction; 4° en revenant des longueurs trouvées sur le papier aux longueurs du terrain dont les premières ne sont que

3. On désigne un angle par le nombre de degrés de l'arc de cercle correspondant, c'est-à-dire d'un arc décrit de son sommet comme centre et compris entre ses côtés (V. la *Géométrie*).

4. Rappelons-nous, à propos des arcs, que la circonférence se divise en 360 degrés, le degré en 60 minutes, et la minute en 60 secondes.

Nous savons que les degrés, minutes et secondes s'indiquent ainsi : °, ′, ″. Ex. : 49 degrés 23 minutes 19 secondes s'écrivent 49° 23′ 19″.

5. Rappelons-nous encore ces deux définitions :

Deux angles ou deux arcs sont dits *complémentaires* ou *compléments* l'un de l'autre, quand leur somme est égale à 1 droit ou à 90°.

Deux angles ou deux arcs sont dits *supplémentaires* ou *suppléments* l'un de l'autre, quand leur somme est égale à deux droits ou à 180°.

6. Le rayon étant pris pour unité, la longueur de la circonférence est exprimée par 2π. C'est pourquoi on désigne souvent en trigonométrie une circonférence par 2π, une $\frac{1}{2}$ circ. par π, et $\frac{1}{4}$ circ. ou un quadrant par $\frac{\pi}{2}$.

Par suite le complément et le supplément d'un arc a se désignent souvent par $\frac{\pi}{2} - a$ et $\pi - a$; d'autres fois par 90° $- a$ et 180° $- a$.

7. DES LIGNES TRIGONOMÉTRIQUES. On n'établit pas dans le calcul de relations directes ou immédiates entre les côtés d'un

---

des réductions plus ou moins fortes, au 1000°, par ex. : au 10000°, au 100000°, etc. L'erreur due aux causes précédentes, multipliée alors par 1000, par 10000, par 100000, devient trop sensible et trop grande.

EMPLOI DU CALCUL (*Trigonométrie*). On opère sur les longueurs mesurées sur le terrain sans les réduire ; il n'y a donc pas lieu de multiplier ensuite les valeurs trouvées. De plus, en employant les méthodes d'approximation, le calculateur peut, avec du soin et de la patience, limiter à très-peu près l'erreur finale à celle qui qui provient de l'inexactitude des données. En un mot, on évite, en employant le calcul, les erreurs provenant des trois dernières causes signalées ci-dessus.

triangle et les arcs qui mesurent ses angles. On établit des relations entre les côtés et certaines lignes, liées aux arcs de manière que, les arcs étant donnés, ces lignes sont données et réciproquement (V. n° 10).

Ces lignes sont connues sous le nom de *lignes trigonométriques*.

8. Définitions. On appelle *sinus* d'un arc AM la perpendiculaire MP, abaissée d'une extrémité de cet arc sur le diamètre qui passe par l'autre extrémité.

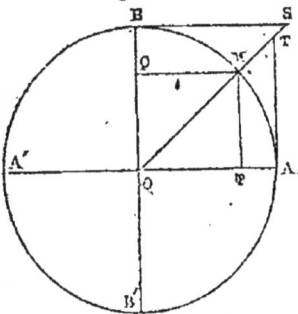

On appelle *tangente* d'un arc AM la tangente AT, menée à l'une des extrémités de cet arc, depuis cette extrémité A jusqu'au prolongement du diamètre qui passe par l'extrémité M.

On appelle *sécante* d'un arc AM la droite OT, qui va du centre à l'extrémité de sa tangente.

Le complément de l'arc AM est BM.

On appelle *cosinus* d'un arc le sinus de son complément. Le cosinus de AM est MQ.

MQ $=$ OP. *Le cosinus d'un arc est égal à la ligne qui joint le centre au pied du sinus.* C'est la ligne OP qu'on prend habituellement pour cosinus; cos AM $=$ OP.

On appelle *cotangente* d'un arc la tangente de son complément. La cotangente de AM est BS.

On appelle *cosécante* d'un arc la sécante de son complément. La cosécante de AM est OS.

Les lignes trigonométriques d'un arc a se désignent ainsi par abréviation: sin a, tang a ou tg a; séc a, cos a, cot a, coséc a.

9. Rapport des lignes trigonométriques au rayon. Considérons un angle *aigu* quelconque O; traçons plusieurs arcs correspondants et leurs lignes trigonométriques. (Tous ces arcs ont le même nombre de degrés.)

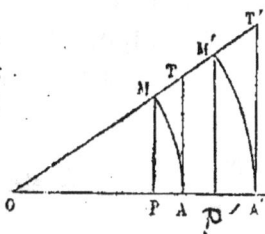

En passant d'un arc à un autre, on voit que le sinus varie; le cosinus et les autres lignes trigonométriques de même.

1*

Mais le *rapport de chaque ligne trigonométrique d'un arc au rayon du cercle est le même pour tous les arcs correspondant au même angle. Ce rapport varie aussitôt que l'angle varie.*

C'est ce que notre figure met en évidence. Les triangles semblables donnent :

$$1° \text{ (sinus) } \frac{MP}{OM} = \frac{M'P'}{OM'}; \quad 2° \text{ (cosinus) } \frac{OP}{OM} = \frac{OP'}{OM'}; \quad 3° \text{ (tangentes) }$$

$$\frac{AT}{OA} = \frac{A'T'}{OA'}; \text{ etc.}$$

Dès que l'angle varie, c'est-à-dire augmente ou diminue, chacun de ces rapports varie. C'est ce que l'on vérifie aisément ; le dénominateur restant le même, le numérateur varie.

10. *Le rapport de chaque ligne trigonométrique d'un arc plus petit que* 90° *au rayon du cercle et le nombre de degrés de cet arc ou de l'angle au centre correspondant, sont donc deux nombres déterminés l'un par l'autre.*

Par ex., le cosinus d'un arc de 60° est la moitié du rayon ; autrement dit, son rapport au rayon est 1/2. Pour un arc quelconque de plus ou de moins de 60°, ce rapport est différent de 1/2. Sachant donc que le rapport du cosinus au rayon est 1/2 pour un arc cherché, on peut affirmer que cet arc ou l'angle correspondant est de 60°.

Au delà de 90°, les angles obtus et les arcs correspondants sont également déterminés par les rapports de leurs lignes trigonométriques au rayon ; on le vérifie de la même manière. En passant du 1er quadrant au second, on remarque que deux arcs supplémentaires ont leurs lignes trigonométriques égales (n° 17) ; mais on distingue ces deux arcs par les signes des nombres trigonométriques, ou autrement, suivant les conditions de la question traitée.

Ces considérations expliquent ce qui a lieu en trigonométrie.

On y détermine les angles et on en tient compte à l'aide des rapports des lignes trigonométriques au rayon. En général, on résout un triangle à l'aide de relations établies entre ses côtés et les rapports des lignes trigonométriques de ses angles au rayon.

11. Ces rapports, tels que ceux-ci : $\dfrac{\sin 15°}{R}, \dfrac{\cos 15°}{R}, \dfrac{\tan 15°}{R}$,etc.,

étant constamment et exclusivement employés, il vient naturellement à l'esprit de les simplifier en faisant $R = 1$, c'est-à-dire en adoptant le rayon pour unité des lignes trigonométriques. Chaque rapport se réduit alors à son numérateur, qui est la valeur numérique de chaque ligne évaluée en rayons ou parties du rayon.

On a donc fait la convention fondamentale suivante qui simplifie et facilite grandement l'étude de la trigonométrie et ses applications.

CONVENTION FONDAMENTALE. *L'unité des lignes trigonométriques est le rayon du cercle;* $R = 1$.

CONSÉQUENCE. *La valeur numérique d'une ligne· trigonométrique quelconque n'est autre chose que le rapport de cette ligne au rayon.*

12. On ne désigne et on ne distingue les arcs *trigonométriques* (c'est-à-dire les arcs dont on considère les lignes trigonométriques) que par leurs nombres de degrés; on dit, par ex. : cos 60°, tang 45°.

On ne considère que les valeurs numériques des lignes trigonométriques telles que nous venons de les définir. Ex. : le cosinus d'un arc de 60° est la moitié du rayon du cercle; on dit que cos 60° $= 1/2$. La tangente d'un arc de 45° est égale au rayon; on dit que tang 45° $= 1$. Pour le calculateur cos 60° est le nombre abstrait $1/2$; tang 45° est le nombre abstrait 1.

13. Nous allons étudier les propriétés principales des lignes trigonométriques, leurs relations mutuelles, · la manière de les déduire les unes des autres, puis leurs applications à la résolution des triangles (*). Nous n'irons pas au delà de ce dernier but. Les angles d'un triangle variant de 0° à 180°, nous ne considérerons · que des arcs variant de 0° à 180° (**).

Dans cette étude, il n'est pas nécessaire de se préoccuper de la

_____

(*) Nous établirons des relations entre les lignes trigonométriques en nous fondant sur les théorèmes de la géométrie. De pareilles égalités sont vraies d'abord pour les nombres qui expriment ces lignes rapportées à la même unité quelconque. Mais quand on y fait $R = 1$, comme nous le ferons toujours, elles n'ont plus lieu qu'entre les nombres qui expriment ces lignes rapportées au rayon, c'est-à-dire entre les valeurs numériques de ces lignes telles que nous les avons définies; or, ce sont précisément ces relations que nous devons établir.

(**) V. le complément pour des considérations plus générales.

longueur absolue du rayon des arcs trigonométriques; on peut les tracer avec un rayon quelconque. Il faut seulement faire toujours R = 1, et se conformer partout à cette hypothèse.

14. Signes des lignes trigonométriques. Pour simplifier, en diminuant le nombre des formules, on emploie en trigonométrie les quantités négatives. Les conventions faites à ce sujet sont conformes à ce que nous avons dit en algèbre, à propos des longueurs comptées dans deux sens différents.

Décrivons une circonférence avec un rayon quelconque. Nous prendrons le point A pour origine commune des arcs considérés dans le sens ABA'B'. Menons les diamètres AA', BB'.

Les sinus et les tangentes situés au-dessus du diamètre AA' sont

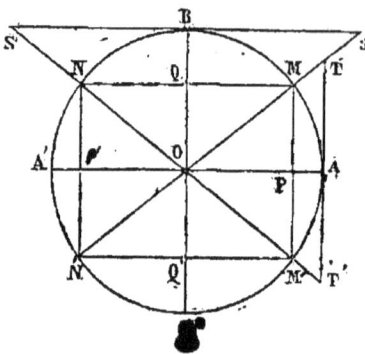

positifs, c'est-à-dire représentés par des nombres positifs. Au-dessous de ce diamètre les sinus et les tangentes sont négatifs, c'est-à-dire représentés par des nombres précédés du signe —, que l'on traite dans le calcul comme des quantités négatives. Ex.: la tang AT de AM est positive; la tang AT' de l'arc ABN est négative. Les sinus MP, NP' sont tous deux positifs (*).

Les cosinus et les cotangentes sont positifs à droite du diamètre BB'; négatifs à gauche. Ex.: le cosinus OP et la cotangente BS de l'arc AM sont positifs; le cosinus OP' et la cotangente BS' de ABN sont négatifs.

Les sécantes et les cosécantes sont positives quand elles passent par l'extrémité de l'arc, négatives quand elles ne passent pas par cette extrémité. Ex.: la sécante OT de l'arc AM est positive; la sécante OT' de l'arc ABN est négative, tandis que sa cosécante OS' est positive.

15. D'après ces conventions,

1° Les arcs moindres qu'un quadrant ont toutes leurs lignes trigonométriques positives. Vérifiez pour l'arc AM.

2° Les arcs compris entre 90° et 180° ont leurs lignes trigono-

---

(*) Rétablissez sur la *fig.* la lettre P' oubliée à la rencontre de A'A et de NN'.

(*) V. le complément du cours pour les arcs positifs et négatifs.

métriques négatives, à l'exception du sinus et de la consécante qui sont positifs. Vérifiez pour l'arc ABN.

16. Variations des lignes trigonométriques. Pour commencer la comparaison des lignes trigonométriques, nous allons examiner comment varient les lignes d'un arc qui passe lui-même par tous les états de grandeur de 0° à 90°, puis de 90° à 180°.

Imaginons que l'origine des arcs étant constamment le point A, l'extrémité M, d'abord très-voisine de A, se déplace continuellement de A vers B, puis de B vers A'. Figurons-nous d'abord les sinus de tous les arcs ainsi obtenus ; puis leurs tangentes, etc. Nous verrons les lignes trigonométriques varier comme il suit :

L'arc augmentant de 0° à 90°.

Le sinus croît continuellement de 0 à 1. (Le rayon = 1.)

La tangente augmentant continuellement à partir de 0, devient très-grande quand l'arc est très-voisin de 90° et dépasse toutes les grandeurs imaginables quand l'arc se rapproche indéfiniment de cette limite. C'est pourquoi on dit à la limite que tang 90° = ∞. (V. l'*Algèbre*.)

La sécante croît de même de 1 à ∞ ; séc 90° = ∞.

Le cosinus décroît continuellement de 1 à 0.

La cotangente, d'abord très-grande quand l'arc est très-petit, diminue à mesure que l'arc augmente. Elle diminue de ∞ à 0.

La cosécante diminue de même de ∞ à 1.

Pour les deux limites 0° et 90°, on peut former ce tableau :

$$\sin \ 0° = 0, \ \tan 0° = 0, \ \sec 0° = 1 ;$$
$$\cos \ 0° = 1 ; \ \cot 0° = \infty, \ \csc 0° = \infty.$$
$$\sin 90° = 1, \ \tan 90° = \infty, \ \sec 90° = \infty ;$$
$$\cos 90° = 0, \ \cot 90° = 0, \ \csc 90° = 1.$$

L'arc continuant à augmenter de 90° à 180°,

Le sinus toujours positif décroît de 1 à 0 : sin 180° = 0.

La tangente devient négative. D'abord très-grande, elle diminue continuellement en valeur absolue ; elle varie de — ∞ à 0.

La sécante devient négative. D'abord très-grande, elle diminue en valeur absolue, à mesure que l'arc augmente ; elle varie de — ∞ à — 1 ; séc 180° = — 1.

Le cosinus devient négatif, et varie de 0 à — 1.

La cotangente est négative et croît continuellement en valeur absolue; elle varie de 0 à — ∞.

La cosécante est positive, et croît de même jusqu'à dépasser toute limite; elle varie de 1 à ∞.

$$\sin 180° = 0, \ \tan 180° = 0, \ \sec 180° = -1,$$
$$\cos 180° = -1, \ \cot 180° = -\infty; \ \operatorname{coséc} 180° = \infty.$$

EXERCICES.

1. Exposez par continuation les variations des lignes trigonométriques quand l'arc varie de 180° à 270°, puis de 270° à 360°.

2. Déterminer sur une circonférence donnée :
— un arc ayant pour sinus 3/5 ;

3. — un arc ayant pour cosinus 0,7 ;

4. — un arc ayant pour tangente 7/5 ;

5. — un arc ayant pour cosinus — 5/9 ;

6. — un arc ayant pour tangente — 0,8 ;

7. — un arc ayant pour sécante 2,5;

8. — un arc ayant pour sécante — 1,8 ;

9. — un arc ayant pour cosécante — 2,8.

17. ARCS SUPPLÉMENTAIRES. Nous allons maintenant comparer les lignes trigonométriques de deux arcs supplémentaires.

Pour comparer les lignes trigonométriques de deux arcs, il est commode de leur donner la même origine. En menant par le point M une parallèle MN au diamètre AA′, on obtient, à gauche, un arc A′N = AM; d'où il suit que ABN = π — A′N = π — AM; ABN est le supplément de AM.

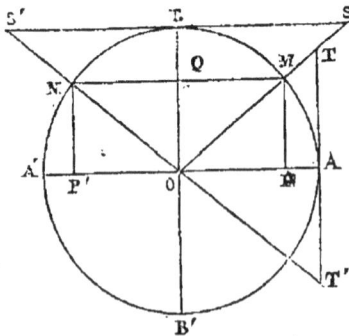

Désignons AM par a, ABN par $\pi - a$, et comparons leurs lignes trigonométriques.

Leurs sinus MP, NP′, sont évidemment égaux et de même signe.

Leurs cosinus OP, OP′ sont égaux (comparez les triangles OMP, ONP′), mais de signes contraires.

Leurs tangentes AT, AT′ sont égales et de signes contraires; etc.

Ces relations s'expriment en général comme il suit :

$$\sin(\pi - a) = \sin a; \ \tan(\pi - a) = -\tan a; \ \sec(\pi - a) = -\sec a.$$
$$\cos(\pi - a) = -\cos a; \ \cot(\pi - a) = -\cot a; \ \operatorname{coséc}(\pi - a) = \operatorname{coséc} a.$$

En résumé *deux arcs supplémentaires ont leurs lignes trigono-métriques égales, mais de signes contraires, à l'exception de leurs sinus et de leurs cosécantes, qui sont égaux et de mêmes signes.*

EXERCICES.

·10. Dressez le tableau des relations qui existent entre deux arcs qui diffèrent de 90° (*a* et 90°+*a*).

18. RELATIONS ENTRE LES LIGNES TRIGONOMÉTRIQUES DU MÊME ARC.

Les lignes trigonométriques d'un même arc peuvent se déduire aisément les uns des autres à l'aide de formules très-simples que nous allons établir.

Considérons l'arc AM que nous désignerons par *a*, et construisons ses lignes trigonométriques. (Fig. du nᵒ 17.)

$$MP = \sin a; \ OP = \cos a; \ AT = \operatorname{tang} a; \ OT = \sec a;$$
$$BS = \cot a; \ OS = \operatorname{coséc} a.$$

(Le rayon = 1.)

Le triangle OMP nous donne l'égalité $\overline{MP}^2 + \overline{OP}^2 = \overline{OM}^2$, c'est-à-dire

$$\sin^2 a + \cos^2 a = 1. \qquad (1)$$

Les triangles OMP, OAT, étant équiangles et par suite semblables, on a

$$\frac{AT}{MP} = \frac{AO}{OP}, \ \text{ou} \ \frac{\operatorname{tang} a}{\sin a} = \frac{1}{\cos a},$$

d'où
$$\operatorname{tang} a = \frac{\sin a}{\cos a}. \qquad (2)$$

De la similitude des mêmes triangles OMP, OAT, on déduit encore

$$\frac{OT}{OM} = \frac{OA}{OP},$$

c'est-à-dire
$$\sec a = \frac{1}{\cos a}. \qquad (3)$$

Pour la cotangente et la cosécante, on considère les triangles semblables OBS, OMQ. La comparaison de leurs côtés homologues donne successivement

$$\frac{BS}{BO} = \frac{MQ}{OQ}; \quad \frac{OS}{OM} = \frac{OB}{OQ},$$

c'est-à-dire
$$\cot a = \frac{\cos a}{\sin a}, \tag{4}$$

$$\text{coséc } a = \frac{1}{\sin a}; \tag{5}$$

puisque $MQ = OP = \cos a$; $OQ = MP = \sin a$.

Telles sont les formules à l'aide desquelles on peut calculer toutes les lignes trigonométriques d'un arc donné, dès qu'on connaît une de ces lignes.

19. *Ces formules sont* GÉNÉRALES. Nous les avons établies pour un arc AM plus petit que 90°; mais il est facile de vérifier qu'elles s'appliquent à un arc ABN compris entre 90° et 180°.

Sin ABN $= NP'$, cos ABN $= - OP'$, tang ABN $= - AT'$, etc. Il nous faut appliquer ici les conventions faites en Algèbre pour le calcul des quantités négatives.

Le triangle ONP' donne $\quad \overline{NP}'^2 + \overline{OP}'^2 = 1.$

Mais $(- OP')^2$ étant égal à OP'^2, de l'égalité précédente résulte celle-ci :

$$\overline{NP}'^2 + (- OP')^2 = 1, \quad \text{ou} \quad \sin^2 ABN + \cos^2 ABN = 1.$$

La formule (1) s'applique donc à l'arc ABN.
Les triangles semblables ONP', OAT' donnent

$$\frac{AT'}{OA} = \frac{NP'}{OP'}.$$

Mais deux quantités négatives sont égales par convention, quand leurs valeurs absolues sont égales (V. l'*Algèbre*); on a donc

$$- \frac{AT'}{OA} = - \frac{NP'}{OP'}. \tag{α}$$

Mais $\quad \dfrac{- AT'}{OA} = - \dfrac{AT'}{OA}, \quad$ et $\quad \dfrac{NP'}{- OP'} = - \dfrac{NP'}{OP'};$

de l'égalité (α) résulte donc celle-ci :

$$\frac{- AT'}{OA} = \frac{NP'}{- OP'}, \quad \text{ou} \quad \text{tang ABN} = \frac{\sin ABN}{\cos ABN}.$$

La formule (2) s'applique donc à l'arc ABN. On démontrerait de même pour les autres formules.

20. *Applications.* On peut faire immédiatement quelques applications de ces formules en se fondant sur cette proposition évidente :

Le sinus d'un arc est la moitié de la corde de l'arc double.

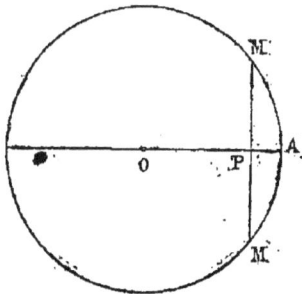

$$\text{Ex. :} \qquad MP = \frac{1}{2} \, MPM'.$$

21. *Lignes trigonométriques de l'arc de* 30°. L'arc de 60°, qui est le sixième de la circonférence, a pour corde le côté de l'hexagone régulier égal au rayon; corde 60° $= 1$; donc $\sin 30° = \frac{1}{2}$.

Connaissant le sinus de l'arc de 30°, nous allons calculer ses autres lignes trigonométriques à l'aide des formules.

La formule (1) donne $\left(\frac{1}{2}\right)^2 + \cos^2 30° = 1$;

d'où $\qquad \cos^2 30° = 1 - \frac{1}{4} = \frac{3}{4}$; et $\cos 30° = \sqrt{\frac{3}{4}} = \frac{\sqrt{3}}{2}$.

La forme (2) donne

$$\tan 30° = \frac{1}{2} : \frac{\sqrt{3}}{2} = \frac{1}{\sqrt{3}} = \frac{\sqrt{3}}{3}.$$

La formule (3) :

$$\sec 30° = 1 : \frac{\sqrt{3}}{2} = \frac{2}{\sqrt{3}} = \frac{2\sqrt{3}}{3}.$$

La formule (4) :

$$\cot 30° = \frac{\sqrt{3}}{2} : \frac{1}{2} = \sqrt{3}.$$

Et enfin la formule (5) :

$$\csc 30° = 1 : \frac{1}{2} = 2.$$

22. *Lignes trigonométriques de l'arc de* 45°. La corde de 90° est le côté du carré inscrit, qui est égal à $\sqrt{2}$.

$$\text{corde } 90° = \sqrt{2}; \quad \sin 45° = \frac{\sqrt{2}}{2}.$$

45° est lui-même son complément :

$$\sin 45° = \cos 45° = \frac{\sqrt{2}}{2}; \quad \tang 45° = \cot 45° = \frac{\sin 45°}{\cos 45°} = 1.$$

$$\séc 45° = \coséc 45° = 1 : \frac{\sqrt{2}}{2} = \sqrt{2}.$$

En se servant des formules de la géométrie pour trouver les côtés de certains polygones réguliers, on pourrait calculer ainsi les lignes trigonométriques d'un certain nombre d'autres arcs.

EXERCICES.

11. Sin $a = 0,75$; calculer les autres lignes trigonométriques à 0,01 près.

12. Cos $a = -0,7$; calculer les autres lignes à 0,01 près.

13. Trouver les lignes trigonométriques de l'arc de 60°.

14. Le côté du décagone régulier rapporté au rayon (c'est-à-dire quand R = 1) a pour valeur $1/2 \left(\sqrt{5} - 1\right)$. Dites les lignes trigonométriques qu'on peut déduire de cette valeur, et calculez-les à 0,01 près.

OBSERVATION GÉNÉRALE. — Dans ces Exercices et dans les suivants, on calculera chaque ligne demandée, ou *cherchée auxiliairement*, avec deux décimales seulement.

23. Les formules (1), (2), ... (5) servent principalement à calculer les lignes trigonométriques d'un arc dont on connaît le *sinus* ou le *cosinus*. Mais de ces formules on en peut déduire d'autres pour le cas où l'on connaît seulement une des autres lignes.

Proposons-nous, par exemple, *d'exprimer le sinus et le cosinus en fonction de la tangente*.

Reprenons les formules (1) et (2) :

$$\sin^2 a + \cos^2 a = 1; \quad \tang a = \frac{\sin a}{\cos a}.$$

De la seconde on déduit en élevant au carré : $\tang^2 a = \dfrac{\sin^2 a}{\cos^2 a}.$

D'où $\qquad\qquad \tang^2 a \cos^2 a = \sin^2 a.$

En substituant cette valeur de $\sin^2 a$ dans la formule (1), on obtient successivement :

$$\tan^2 a \cos^2 a + \cos^2 a = 1,$$
$$\cos^2 a(1 + \tan^2 a) = 1.$$

Puis
$$\cos^2 a = \frac{1}{1 + \tan^2 a},$$

et enfin
$$\cos a = \pm \frac{1}{\sqrt{1 + \tan^2 a}}. \qquad (6)$$

$\cos^2 a$ étant connu, on a :

$$\sin^2 a = \tan^2 a \cos^2 a = \frac{\tan^2 a}{1 + \tan^2 a}; \qquad (7)$$

d'où
$$\sin a = \pm \frac{\tan a}{\sqrt{1 + \tan^2 a}}.$$

En substituant ces valeurs de $\sin a$ et de $\cos a$ dans les formules (3), (4), (5), on obtient les expressions de séc a, cot a, coséc a, en fonction de tang a.

Il serait tout aussi facile de déduire des formules (1), (2), ... (5) les expressions de toutes les lignes trigonométriques en fonction de la sécante, de la cotangente, ou de la cosécante. Nous engageons le lecteur à établir ces formules pour s'exercer. (Ex. 15, 16, 17 et 18.)

24. *Entre la tangente et la cotangente il existe cette relation remarquable :*

$$\tan a \times \cot a = 1. \qquad (8)$$

On obtient cette formule en multipliant membre à membre les formules (2) et (4).

$$\tan a \cot a = \frac{\sin a \cos a}{\cos a \sin a} = 1.$$

25. REMARQUE. Ayant vu en algèbre que si l'on admet les quantités négatives dans le calcul, la racine carrée d'une quantité donnée a deux valeurs, par ex. $\sqrt{16} = \pm 4$, nous avons écrit plus haut :

$$\cos a = \pm \frac{1}{\sqrt{1 + \tan^2 a}}.$$

Nous avons mis les deux signes, afin que la formule pût servir dans tous les cas. Si l'arc a est moindre que 90°, son cosinus est positif; on prend alors le signe $+$; $\cos a = \dfrac{1}{\sqrt{1 + \operatorname{tang}^2 a}}$.

Mais si l'arc a est compris entre 90° et 180°, son cosinus étant

négatif, on prend $\cos a = -\dfrac{1}{\sqrt{1 + \operatorname{tang}^2 a}}$.

C'est ainsi qu'on choisit entre le signe $+$ et le signe $-$ que renferme une formule double comme celle que nous venons de considérer.

15. Exprimez séc a, cot a, coséc a en fonction de tang a.

16. Exprimez toutes les lignes trigonométriques en fonction de séc a.

17. Exprimez-les en fonction de cot a.

18. Exprimez-les en fonction de coséc a.

19. Tang $a = 2,4$; calculer les autres lignes (à 0,01 près).

20. Séc $b = -3$;   idem.   idem.

21. Cot $c = 0,8$;   idem. ·   idem.

26. PROBLÈME. *Connaissant les sinus et les cosinus de deux arcs, trouver le sinus et le cosinus de leur somme ou de leur différence.*

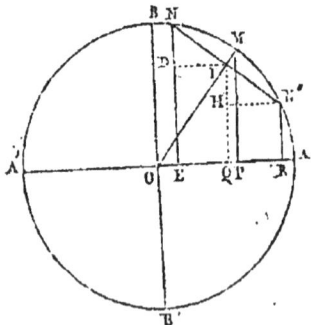

Soient AM $= a$, et MN $= b$, les arcs dont les cosinus et les sinus sont donnés; AMN $= a + b$. Pour avoir $a - b$, je prends MN' $=$ MN et je trace la corde NN'; AN' $= a - b$. Il faut trouver les sinus et les cosinus des arcs AMN et AN'. Je mène par le point I (pied du sinus de b) ID parallèle à OA, et IQ parallèle à MP; je mène enfin N'H parallèle à OA.

MP $= \sin a$, OP $= \cos a$, NI $= \sin b$, OI $= \cos b$

$\sin(a + b) =$ NE $=$ DE $+$ ND $=$ IQ $+$ ND

$\cos(a + b) =$ OE $=$ OQ $-$ EQ $=$ OQ $-$ DI

$\sin(a - b) =$ NR $=$ IQ $-$ IH $=$ IQ $-$ ND

$\cos(a - b) =$ OR $=$ OQ $+$ QR $=$ OQ $+$ HN' $=$ OQ $+$ DI.

Il suffit de déterminer IQ, OQ, ND, DI pour connaître $\sin(a + b)$, $\cos(a + b)$, $\sin(a - b)$, $\cos(a - b)$.

De la similitude des triangles équiangles OIQ, OMP, on déduit

$$\frac{IQ}{MP} = \frac{OI}{OM} \quad \text{ou} \quad \frac{IQ}{\sin a} = \frac{\cos b}{1}; \quad \text{d'où} \quad IQ = \sin a \cos b.$$

Puis $\quad \dfrac{OQ}{OP} = \dfrac{OI}{OM} \quad$ ou $\quad \dfrac{OQ}{\cos a} = \dfrac{\cos b}{1}; \quad$ d'où $\quad OQ = \cos a \cos b.$

Les triangles NDI, OMP, qui ont les côtés perpendiculaires, sont semblables; on déduit de là :

$$\frac{ND}{OP} = \frac{NI}{OM} \quad \text{ou} \quad \frac{ND}{\cos a} = \frac{\sin b}{1}; \quad \text{d'où} \quad ND = \cos a \sin b.$$

Puis $\quad \dfrac{DI}{MP} = \dfrac{NI}{OM} \quad$ ou $\quad \dfrac{DI}{\sin a} = \dfrac{\sin b}{1}; \quad$ d'où $\quad DI = \sin a \sin b.$

En mettant les valeurs de IQ, OQ, ND, DI dans les valeurs ci-dessus de sin $(a+b)$, cos $(a+b)$, ... on obtient ces quatre formules fondamentales :

$$\begin{array}{ll} \sin(a + b) = \sin a \cos b + \cos a \sin b & (9) \\ \cos(a + b) = \cos a \cos b - \sin a \sin b & (10) \\ \sin(a - b) = \sin a \cos b - \cos a \sin b & (11) \\ \cos(a - b) = \cos a \cos b + \sin a \sin b. & (12) \end{array}$$

27. *Ces formules sont générales,* c'est-à-dire s'appliquent quels que soient les arcs a et b.

Comme notre figure est faite pour un cas particulier, celui où les arcs donnés a, b, et même leur somme $a + b$, sont moindres que 90°, il est nécessaire de prouver que les formules s'appliquent quelque grands que soient les arcs a et b.

1er CAS. Nous avons démontré pour le cas où les arcs donnés et leur somme sont respectivement moindres que 90°; $a < 90°$, $b < 90°$, $a + b < 90°$.

2e CAS. Supposons que l'on ait $a < 90°$, $b < 90°$, mais $a + b > 90°$.

Considérons les compléments de a et de b,

$$a' = 90° - a, \quad b' = 90° - b, \quad \text{et leur somme} \quad a' + b' = 180° - (a + b).$$

a', b', et même leur somme $a' + b'$, sont moindres que 90°; les formules (9) et (10) leur sont donc applicables.

$$\left. \begin{array}{l} \sin (a' + b') = \sin a' \cos b' + \cos a' \sin b' \\ \cos (a' + b') = \cos a' \cos b' - \sin a' \sin b' \end{array} \right\} \qquad (\alpha)$$

Mais par définition, $\sin a' = \cos a$, $\cos a' = \sin a$, $\sin b' = \cos b$, $\cos b' = \sin b$ de plus, $\sin(a' + b') = \sin(a + b)$ et $\cos(a' + b') = -\cos(a + b)$ (n° 17).

En remplaçant, $\sin(a'+b')$ par $\sin(a+b)$, $\sin a'$ par $\cos a$, $\cos a'$ par $\sin a$, $\sin b'$ par $\cos b$, etc., dans les égalités (α), on trouve

$$\sin(a+b) = \cos a \sin b + \sin a \cos b,$$

ce qui est la formule (9), s'appliquant aux arcs a et b ; puis

$$-\cos(a+b) = +\sin a \sin b - \cos a \cos b,$$

ou en changeant les signes, $\cos(a+b) = \cos a \cos b - \sin a \sin b$; ce qui est la formule (10), s'appliquant aux arcs a et b.

REMARQUE. Quand a est $< 90°$, $b < 90°$, on a toujours $a - b < 90°$; les formules (9) et (10) s'appliquent donc toujours quand a et b sont moindres que $90°$.

3ᵉ CAS. L'un des arcs surpasse $90°$, ou tous deux surpassent $90°$.

Nous allons démontrer cette proposition : a et b *étant deux arcs pour lesquels les formules (8) et (9) sont vraies, on peut augmenter l'un de ces arcs a et b de 90° sans que ces formules cessent d'être vraies.*

a étant un arc *quelconque*, $90° + a$ a pour supplément $90° - a$; par suite, d'après les nᵒˢ 17 et 8,

$$\sin(90° + a) = \sin(90° - a) = \cos a, \qquad (m)$$
$$\cos(90° + a) = -\cos(90° - a) = -\sin a. \qquad (n)$$

Remplaçons dans ces formules a par $a + b$;

$$\sin[(90° + (a+b)] = \sin[(90° - (a+b)] = \cos(a+b) = \cos a \cos b - \sin a \sin b,$$

puisque, par hypothèse, la formule (10) s'applique aux arcs a et b. Mais, d'après les égalités (m) et (n), $\cos a = \sin(90° + a)$; $-\sin a = \cos(90° + a)$; en remplaçant $\cos a$ et $-\sin a$ par ces valeurs, on trouve

$$\sin(90° + a + b) = \sin(90° + a)\cos b + \cos(90° + a)\sin b,$$

ce qui est la formule (9) appliquée aux arcs $a + 90°$ et b.

De même, d'après les formules (n),

$$\cos(90° + a + b) = -\cos(90° - (a+b)) = -\sin(a+b) = -\sin a \cos b - \cos a \sin b,$$

d'où l'on déduit, en remplaçant comme plus haut $-\sin a$ par $\cos(90° + a)$ et $\cos a$ par $\sin(90° + a)$,

$$\cos(90° + a + b) = \cos(90° + a)\cos b - \sin(90° + a)\sin b,$$

ce qui prouve que la formule (10) s'applique à $90° + a$ et à b.

a ayant été augmenté de $90°$, rien n'empêche d'augmenter aussi b de $90°$.

On démontre exactement de la même manière que les formules (11) et (12) s'appliquent encore quand on augmente l'un des arcs a et b, ou tous les deux successivement de $90°$ chacun.

$$\sin(90° + a - b) = \sin(90° - (a - b)) = \cos(a - b) = \cos a \cos b + \sin a \sin b ; \text{ etc.}$$

On remplace $\cos a$ par $\sin(90° + a)$ et $\sin a$ par $-\cos(90° + a)$.

De même pour $\cos(90° + a - b)$. On peut aussi augmenter b de $90°$.

La proposition énoncée est donc démontrée. Nous pouvons en conclure que les formules (9), (10), (11), (12) s'appliquent à des arcs quelconques compris entre 90° et 180°, et même à des arcs de toutes grandeurs. En effet, nos formules sont vraies d'après le 1er et le 2e cas pour deux arcs a et b quelconques compris entre 0° et 90°. Ces arcs pouvant être augmentés de 90°, les formules sont vraies pour tous les arcs compris entre 90° et 180°. Ces arcs eux-mêmes peuvent être augmentés de 90°, et ainsi de suite indéfiniment. Nos formules sont donc vraies pour toutes les valeurs positives des arcs a et b (*).

Il en est de même de toutes les formules qui se déduisent de celles-là par le calcul.

EXERCICES.

22. Trouver sin 75° et cos 75° (à 0,01 près).
23. Trouver sin 105° et cos 105°   *id.*   (Vérification.)
24. Sin $a = 5/13$; cos $b = 0,8$. Calculer sin $(a \pm b)$ et cos $(a \pm b)$.
25. Calculer sin 48° et cos 48° (à 0,01 près).
26. Calculer sin 27° et cos 27°   *id.*
27. Calculer sin 78° et cos 78°   *id.*

28. Problème. *Trouver les tangentes de la somme et de la différence de deux arcs quand on connaît les tangentes de ces deux arcs.*

$$\operatorname{tang} (a+b) = \frac{\sin (a+b)}{\cos (a+b)} = \frac{\sin a \cos b + \cos a \sin b}{\cos a \cos b - \sin a \sin b}.$$

Pour introduire tang a et tang b, divisons chaque terme du numérateur et du dénominateur de la dernière fraction par $\cos a \cos b$. On obtient ainsi :

$$\operatorname{tang} (a+b) = \frac{\dfrac{\sin a \cos b}{\cos a \cos b} + \dfrac{\cos a \sin b}{\cos a \cos b}}{\dfrac{\cos a \cos b}{\cos a \cos b} - \dfrac{\sin a \sin b}{\cos a \cos b}},$$

puis, toutes réductions faites, et à cause de $\dfrac{\sin a}{\cos a} = \operatorname{tang} a$, $\dfrac{\sin b}{\cos b} = \operatorname{tang} b$,

$$\operatorname{tang} (a+b) = \frac{\operatorname{tang} a + \operatorname{tang} b}{1 - \operatorname{tang} a \operatorname{tang} b}. \tag{13}$$

(*) Il est facile de démontrer que les quatre formules s'appliquent aussi à des arcs quelconques affectés du signe —. Nous achèverons cette généralisation dans le Complément.

On trouve de même

$$\operatorname{tang}(a-b) = \frac{\operatorname{tang} a - \operatorname{tang} b}{1 + \operatorname{tang} a \operatorname{tang} b}. \tag{14}$$

EXERCICES.

28. Exprimer $\cot(a+b)$ et $\cot(a-b)$ en fonction de $\cot a$ et de $\cot b$.
29. Trouver $\operatorname{tang} 75°$ et $\cot 75°$.
30. $\operatorname{Tang} a = 1,5$; $\operatorname{tang} b = 0,54$. Calculer $\operatorname{tang}(a+b)$ et $\operatorname{tang}(a-b)$.
31. $\operatorname{Sin} a = 0,8$ et $\cos b = 12/13$. Calculer $\operatorname{tang}(a+b)$ et $\operatorname{tang}(a-b)$.
32. Trouver $\operatorname{tang} 105°$ et $\cot 105°$.
33. Trouver $\operatorname{tang} 15°$ et $\cot 15°$.

29. EXPRESSIONS DE SIN $2a$, COS $2a$, TANG $2a$.

En établissant les formules (9), (10) et (13), nous n'avons fait aucune différence entre a et b; ces deux arcs peuvent être égaux. On peut donc y supposer $a = b$.

Cela posé, pour avoir sin $2a$, il suffit de faire $a = b$ dans la formule (9)

$$\sin(a+b) = \sin a \cos b + \cos a \sin b.$$

On trouve ainsi

$$\sin 2a = 2\sin a \cos a. \tag{15}$$

On obtient cos $2a$ en faisant $a = b$ dans la formule (10)

$$\cos(a+b) = \cos a \cos b - \sin a \sin b,$$

qui donne alors

$$\cos 2a = \cos^2 a - \sin^2 a. \tag{16}$$

Enfin on trouve tang $2a$ en faisant $b = a$ dans la formule (13)

$$\operatorname{tang}(a+b) = \frac{\operatorname{tang} a + \operatorname{tang} b}{1 - \operatorname{tang} a \operatorname{tang} b},$$

qui donne alors

$$\operatorname{tang} 2a = \frac{2\operatorname{tang} a}{1 - \operatorname{tang}^2 a}. \tag{17}$$

EXERCICES.

34. Trouver $\sin 210°$, $\cos 210°$, $\operatorname{tang} 210°$. (*Vérification.*)
35. Trouver $\sin 150°$, $\cos 150°$, $\operatorname{tang} 150°$.   (*Id.*)
36. Trouver $\sin 36°$, $\cos 36°$, $\operatorname{tang} 36°$.
37. Calculer $\sin 3a$, connaissant $\sin a$.
38. Calculer $\cos 3a$, connaissant $\cos a$.

30. Problème. *Connaissant cos* a, *calculer sin* $\frac{1}{2}$ a, *et cos* $\frac{1}{2}$ a.

Prenons la formule (16), cos $2a = \cos^2 a - \sin^2 a$, et remplaçons-y a par $\frac{1}{2}a$; on trouve ainsi

$$\cos a = \cos^2 \frac{a}{2} - \sin^2 \frac{a}{2}. \tag{18}$$

Nous avons deux inconnues cos $\frac{a}{2}$ et sin $\frac{a}{2}$; il nous faut une seconde équation. Nous nous servirons de la formule (1) appliquée à l'arc $\frac{a}{2}$.

$$1 = \cos^2 \frac{a}{2} + \sin^2 \frac{a}{2}. \tag{α}$$

Si nous ajoutons ces deux équations, membre à membre, nous aurons

$$1 + \cos a = 2\cos^2 \frac{a}{2}; \tag{19}$$

d'où l'on déduit $\quad \cos^2 \frac{a}{2} = \dfrac{1 + \cos a}{2}.$

Puis $\quad\quad \cos \frac{a}{2} = \pm \sqrt{\dfrac{1 + \cos a}{2}}. \tag{20}$

En retranchant au contraire l'équation (18) de l'équation (α), on trouve

$$1 - \cos a = 2\sin^2 \frac{a}{2}; \tag{21}$$

d'où $\sin^2 \frac{a}{2} = \dfrac{1 - \cos a}{2}$, puis $\sin \frac{a}{2} = \pm \sqrt{\dfrac{1 - \cos a}{2}}. \tag{22}$

Nous mettons le signe $\pm$ devant le radical, suivant ce qui a été dit n° 25. Mais dans les applications que nous ferons de ces dernières formules à la résolution des triangles, nous n'emploierons que le signe $+$, parce que l'arc a étant moindre que 180°, sa moitié, plus petite que 90°, a un sinus et un cosinus positifs.

31. REMARQUE. De la formule $\sin 2a = 2\sin a \cos a$, on déduit en faisant $a = \frac{1}{2}a$,

$$\sin a = 2\sin \frac{a}{2} \cos \frac{a}{2}. \qquad (23)\ (^*)$$

32. PROBLÈME. *Calculer* $\tan g \frac{1}{2}a$ *connaissant* $\tan g\, a$.

On se sert pour cela de la formule (17)

$$\tan g\, 2a = \frac{2\tan g\, a}{1 - \tan g^2 a},$$

dans laquelle on remplace a par $\frac{1}{2}a$, ce qui donne

$$\tan g\, a = \frac{2\tan g \dfrac{a}{2}}{1 - \tan g^2 \dfrac{a}{2}}.$$

(*) PROBLÈME. *Connaissant* $\sin a$, *calculer* $\sin \frac{a}{2}$ *et* $\cos \frac{a}{2}$.

On a

$$\sin a = 2\sin \frac{a}{2} \cos \frac{a}{2} \qquad (1)$$

et

$$1 = \sin^2 \frac{a}{2} + \cos^2 \frac{a}{2}. \qquad (2)$$

En additionnant, on trouve

$$1 + \sin a = \left(\sin \frac{a}{2} + \cos \frac{a}{2}\right)^2$$

et en soustrayant (1) de (2),

$$1 - \sin a = \left(\sin \frac{a}{2} - \cos \frac{a}{2}\right)^2.$$

Extrayons la racine carrée,

$$\sin \frac{a}{2} + \cos \frac{a}{2} = \pm \sqrt{1 + \sin a},$$

$$\sin \frac{a}{2} - \cos \frac{a}{2} = \pm \sqrt{1 - \sin a}.$$

De ces deux équations on déduit aisément par addition, puis par soustraction,

$$\sin \frac{a}{2} = \frac{1}{2}\left[\pm \sqrt{1 + \sin a} \pm \sqrt{1 - \sin a}\right]$$

$$\cos \frac{a}{2} = \frac{1}{2}\left(\pm \sqrt{1 + \sin a} \mp \sqrt{1 - \sin a}\right).$$

L'inconnue est tang $\frac{a}{2}$. Pour simplifier l'écriture, représentons momentanément tang $\frac{a}{2}$ par x, et de même la quantité donnée tang a par b. Notre équation devient

$$b = \frac{2x}{1 - x^2}.$$

Elle est du second degré. En chassant les dénominateurs, on obtient

$$b - bx^2 = 2x,$$

d'où $bx^2 + 2x - b = 0$, puis $x^2 + \frac{2}{b} x - 1 = 0$.

En résolvant cette équation, on trouve

$$x = -\frac{1}{b} \pm \sqrt{\frac{1}{b^2} + 1}, \quad \text{ou} \quad x = \frac{-1 \pm \sqrt{1 + b^2}}{b}.$$

En remettant, au lieu de x, tang $\frac{a}{2}$, et au lieu de b, tang a, on a la formule

$$\text{tang } \frac{a}{2} = \frac{-1 \pm \sqrt{1 + \text{tang}^2 a}}{\text{tang } a}.$$

Nous avons encore ici une valeur négative; mais si l'arc a est plus petit que 180°, sa moitié étant moindre que 90°, on ne prendra que la racine positive, c'est-à-dire qu'on adoptera le signe $+$ devant le radical.

EXERCICES.

39. Trouver par application des formules précédentes sin 22° 30′, cos 22° 30′, tang 22° 30′.

40. Trouver sin 15°, cos 15°, tang 15°. (Vérification des résultats)

41. Cos $a = 0,8$. Trouver sin $\frac{a}{2}$, cos $\frac{a}{2}$, tang $\frac{a}{2}$.

33. PROBLÈME. RENDRE CALCULABLE PAR LOGARITHMES LA SOMME OU LA DIFFÉRENCE DE DEUX SINUS OU DE DEUX COSINUS.

Les logarithmes ne s'appliquant qu'aux produits, aux quotients, etc., il s'agit de remplacer la somme ou la différence de deux sinus ou de deux cosinus par un produit.

On se fonde sur cette remarque : en combinant par addition ou par soustraction, soit les formules (9) et (11), soit les formules (10) et (12), on obtient pour second membre un produit.

1° *Somme de deux sinus :* $\sin p + \sin q$.

Supposons $p = a + b$, et $q = a - b$
$$\sin p = \sin (a + b) = \sin a \cos b + \cos a \sin b$$
$$\sin q = \sin (a - b) = \sin a \cos b - \cos a \sin b.$$

En additionnant ces égalités, on trouve

$$\sin p + \sin q = 2 \sin a \cos b.$$

Mais puisque $p = a + b$ et $q = a - b$, $p + q = 2a$;

d'où $a = \dfrac{p + q}{2}$, et $p - q = 2b$, d'où $b = \dfrac{p - q}{2}$.

En remplaçant a et b par ces valeurs, nous trouvons

$$\sin p + \sin q = 2 \sin \tfrac{1}{2} (p + q) \cos \tfrac{1}{2} (p - q). \qquad (25)$$

Telle est la formule à l'aide de laquelle on rend calculable par logarithmes la somme de deux sinus.

2° *Différence de deux sinus :* $\sin p - \sin q$.

Si nous retranchons $\sin p$ de $\sin q$, nous trouvons

$$\sin p - \sin q = 2 \cos a \sin b.$$

ou, en remplaçant a et b par leurs valeurs en p et q,

$$\sin p - \sin q = 2 \cos \tfrac{1}{2} (p + q) \sin \tfrac{1}{2} (p - q). \qquad (26)$$

34. 3° *Somme de deux cosinus :* $\cos p + \cos q$.

On prend · $p = a + b$, $q = a - b$
$$\cos p = \cos (a + b) = \cos a \cos b - \sin a \sin b$$
$$\cos q = \cos (a - b) = \cos a \cos b + \sin a \sin b.$$

En additionnant, on trouve

$$\cos p + \cos q = 2 \cos a \cos b$$

ou $$\cos p + \cos q = 2 \cos \frac{1}{2}(p+q) \cos \frac{1}{2}(p-q). \qquad (27)$$

4° *Différence de deux cosinus :* $\cos q - \cos p$.
En retranchant $\cos p$ de $\cos q$, on trouve

$$\cos q - \cos p = 2\sin a \sin b,$$

ou $$\cos q - \cos p = 2 \sin \frac{1}{2}(p+q) \sin \frac{1}{2}(p-q). \qquad (28)$$

Telles sont les formules qui servent à rendre calculables par logarithmes la somme et la différence de deux sinus ou de deux cosinus.

35. APPLICATIONS. On propose de rendre calculable par logarithmes $\sin 54° + \sin 24°$.

$p = 54°$, $q = 24°$. La formule (25) donne

$$\sin 54° + \sin 24° = 2 \sin \frac{1}{2}(54° + 24°) \cos \frac{1}{2}(54° - 24°),$$

ou $$\sin 54° + \sin 24° = 2 \sin 39° \cos 15°.$$

On aurait de même $\sin 54° - \sin 24° = 2 \cos 39° \sin 15°$

$$\cos 54° + \cos 24° = 2 \cos 39° \cos 15°,$$

et $$\cos 24° - \cos 54° = 2 \sin 39° \sin 15°.$$

36. Il est aussi facile de rendre calculables par logarithmes *la somme et la différence d'un sinus et d'un cosinus.*

Ex. : $\sin 34° + \cos 62°$.

62° est le complément de 28°; $\cos 62° = \sin 28°$.

Par suite $\sin 34° + \cos 62° = \sin 34° + \sin 28° = 2 \sin 31° \cos 3°$.

37. *Somme ou différence de deux tangentes.* La somme de deux tangentes peut être facilement rendue calculable par logarithmes.

$$\operatorname{tang} p + \operatorname{tang} q = \frac{\sin p}{\cos p} + \frac{\sin q}{\cos q} = \frac{\sin p \cos q + \cos p \sin q}{\cos p \cos q}$$

$$= \frac{\sin (p+q)}{\cos p \cos q}. \qquad (29)$$

De même $$\operatorname{tang} p - \operatorname{tang} q = \frac{\sin (p-q)}{\cos p \cos q}. \qquad (30)$$

42. Rendre calculable par log. $\sin 38°45'34'' + \sin 73°29'48''$.

43.   *Id.* $\sin 58°49'52 - \cos 64°19'20''$.

44.   *Id.* $\tang 54°19'43'' - \cot 40°19'57''$.

45.   *Id.* $\séc a + séc b$ et $séc a + coséc b$.

46.   *Id.* $coséc a + coséc b$.

38. En divisant les formules (25) et (26) l'une par l'autre, on obtient une formule employée dans la résolution des triangles

$$\frac{\sin p + \sin q}{\sin p - \sin q} = \frac{2 \sin \frac{1}{2}(p+q) \cos \frac{1}{2}(p-q)}{2 \cos \frac{1}{2}(p+q) \sin \frac{1}{2}(p-q)}.$$

Mais

$$\frac{\sin \frac{1}{2}(p+q)}{\cos \frac{1}{2}(p+q)} = \tang \frac{1}{2}(p+q),$$

et

$$\frac{\cos \frac{1}{2}(p-q)}{\sin \frac{1}{2}(p-q)} = \cot \frac{1}{2}(p-q) = \frac{1}{\tang \frac{1}{2}(p-q)} \qquad (\text{n}° 19).$$

En mettant ces valeurs dans l'égalité (α), on trouve

$$\frac{\sin p + \sin q}{\sin p - \sin q} = \frac{\tang \frac{1}{2}(p+q)}{\tang \frac{1}{2}(p-q)}. \qquad (31).$$

47. Combinez deux à deux par division les formules (25), (26), (27) et (28), et réduisez chaque quotient à sa plus simple expression, comme nous l'avons fait n° 38. (Il y a 6 divisions à faire. Donnez le tableau des six formules obtenues.)

48. Rendre calculable par logarithmes $\dfrac{\sin 54° + \sin 31°}{\cos 31° - \cos 54°}$.

Nous nous occuperons dans un appendice de la manière de rendre calculables par logarithmes une somme ou une différence quelconque et quelques autres expressions plus ou moins usuelles, notamment *les racines d'une équation du deuxième degré.* Afin de ne pas retarder la marche du cours, nous nous bornons ici aux formules qui servent directement ou indirectement à la résolution des triangles. Nous allons parler des logarithmes des nombres trigonométriques ; mais auparavant nous proposerons au lecteur une série d'exercices propres à le familiariser par des applications avec les formules précédentes et à les graver dans sa mémoire.

EXERCICES DIVERS.

Égalités à vérifier.

49. $\mathrm{Sin}\,(a+b)\,\mathrm{sin}\,(a-b) = \sin^2 a - \sin^2 b$.

50. $\mathrm{Cos}\,(a+b)\cos\,(a-b) = \cos^2 a - \sin^2 b$.

51. $\mathrm{Tg}^2\,a - \mathrm{tg}^2\,b = \dfrac{4\,\sin\,(a+b)\,\sin\,(a-b)}{[\cos\,(a+b) + \cos(a-b)]^2}$.

52. $\mathrm{Tg}\,\dfrac{a}{2} = \mathrm{coséc}\,a - \cot a$.

53. $\mathrm{Cot}\,a = \mathrm{coséc}\,2a + \cot 2a$.

54. $\mathrm{Cot}\,\dfrac{a}{2} - \mathrm{tg}\,\dfrac{a}{2} = 2\cot a$.

55. $\mathrm{Sin}\,x = \sin(36°+x) + \sin\,(72°-x) - \sin(36°-x) - \sin\,(72°+x)$.

56. $\mathrm{Sin}\,(90°-x) + \sin\,(18°-x) + \sin\,(18°+x) = \sin\,(54°-x) + \sin\,(54°+x)$

57. $\mathrm{Sin}\,3a\,\sin a = \sin^2 2a - \sin^2 a$. 🎻

58. $\mathrm{Tang}\,3a\,\mathrm{tang}\,a = \dfrac{\mathrm{tang}^2\,2a - \mathrm{tang}^4\,a}{1 - \mathrm{tang}^2\,a\,\mathrm{tang}^2\,2a}$.

Expressions à rendre calculables par logarithmes.

59. $1 + \cos a$; $1 - \cos a$; $\sqrt{\dfrac{1-\cos a}{1+\cos a}}$.

60. $1 + \sin a$; $1 - \sin a$; $\sqrt{\dfrac{1-\sin a}{1+\sin a}}$.

61. $1 + \mathrm{tang}\,a$; $1 - \mathrm{tang}\,a$; $\dfrac{1+\mathrm{tang}\,a}{1-\mathrm{tang}\,a}$.

62. $\mathrm{Tang}\,a + \sin a$; $\mathrm{tang}\,a - \sin a$.

63. $\mathrm{Cot}\,a + \mathrm{tang}\,a$; $\cot a - \mathrm{tang}\,a$.

64. $\mathrm{Séc}\,a \pm \mathrm{coséc}\,a$; $\mathrm{séc}\,a \pm \mathrm{tang}\,a$.

65. $\mathrm{Coséc}\,a \pm \cot a$.

66. $\mathrm{Séc}\,a \pm 2\sin a$.

67. $\mathrm{Tang}\,a \pm 2\sin^2 a$.

68. $1 + \sin a + \cos a$; $1 + \sin a - \cos a$.

69. $\mathrm{Sin}\,a + \sin b + \sin c$, quand $a+b+c = 180°$.

70. $\mathrm{Sin}\,a + \sin b - \sin c$ *Id.*

71. $\mathrm{Cos}^2\,2a - \sin^2 a$; $\sin^2\,(a+b) - \sin^2 a$; $\cos^2(a+b) - \sin^2 a$.

72. $\mathrm{Cos}^2\,(a+2b) - \sin^2 b$.

73. Trouver le maximum de $\sin x + \cos x$. (Pour quelle valeur le x?)

Égalités à vérifier pour le cas où $a + b + c = 180°$.

74. $\mathrm{Sin}\,2a + \sin 2b + \sin 2c = 4\sin a\,\sin b\,\sin c$. (Formule logarithmique.)

75. $\mathrm{Cos}^2\,a + \cos^2 b + \cos^2 c + 2\cos a\,\cos b\,\cos c = 1$.

76. $\sin^2 \dfrac{a}{2} + \sin^2 \dfrac{b}{2} + \sin^2 \dfrac{c}{2} + 2\sin\dfrac{a}{2}\sin\dfrac{b}{2}\sin\dfrac{c}{2} = 1.$

77. $\cos a + \cos b + \cos c = 1 + 4\sin\dfrac{a}{2}\sin\dfrac{b}{2}\sin\dfrac{c}{2}.$

78. $\cos 2a + \cos 2b + \cos 2c + 4\cos a\cos b\cos c + 1 = 0.$

79. $\operatorname{Tang} a + \operatorname{tg} b + \operatorname{tg} c = \operatorname{tang} a \operatorname{tg} b \operatorname{tang} c.$ (Formule logarithmique.)

80. $\operatorname{Cot} a \cot b + \cot a \cot c + \cot b \cot c = 1.$

Égalités à vérifier pour le cas où $a + b + c = 90°.$

81. $\operatorname{Tang} a \operatorname{tg} b + \operatorname{tang} a \operatorname{tang} c + \operatorname{tang} c \operatorname{tang} b = 1.$

82. $\operatorname{Cot} a + \cot b + \cot c = \cot a \cot b \cot c.$

83. $\sin^2 a + \sin^2 b + \sin^2 c + 2\sin a \sin b \sin c = 1.$

84. $\sin 2a + \sin 2b + \sin 2c = 4\cos a\cos b\cos c.$

DÉTERMINATION DES NOMBRES TRIGONOMÉTRIQUES ET DE LEURS LOGARITHMES.

39. Pour plus de simplicité et de commodité, les calculs trigonométriques se font par logarithmes. C'est pourquoi on a construit des tables qui renferment, à côté des arcs, les logarithmes de leurs lignes trigonométriques rapportées aux rayons. Nous allons indiquer une manière de construire de pareilles tables.

Avant de calculer les logarithmes des nombres trigonométriques, il faut calculer ces nombres eux-mêmes. Pour cela, on calcule d'abord le sinus et le cosinus d'un arc très-petit en se fondant sur deux propositions que nous allons établir; puis on déduit de ce sinus et de ce cosinus les sinus et les cosinus des arcs qui suivent en se servant des formules établies précédemment.

40. 1ᵉʳ THÉORÈME. *Tout arc moindre qu'un quadrant est plus grand que son sinus et plus petit que sa tangente*

Soit un arc AM que nous désignerons par a. Construisons son sinus AP et sa tangente AT, comme il est indiqué sur la figure. Prolongeons AP jusqu'à la circonférence en A' puis tirons A'T, OA'. Le sinus est doublé, ainsi que l'arc et la tangente; car la figure OA'TP n'est autre chose évidemment que la figure OATP qui a tourné autour de OT comme charnière.

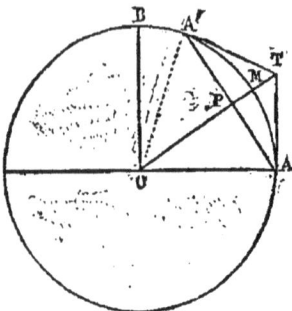

$$\mathrm{APA'} = 2\sin a; \quad \mathrm{AMA'} = 2a; \quad \mathrm{ATA'} = 2\operatorname{tang} a.$$

Or la droite APA' est moindre que l'arc AMA' qui joint les deux mêmes points, A et A', et l'arc AMA' est moindre que la ligne brisée ATA' qui l'enveloppe en se terminant avec lui aux extrémités de la même droite APA'. Ainsi $2\sin a$ est moindre que $2a$ qui est moindre que $2\tan g\, a$, et par suite

$$\sin a < a < \tan g\, a. \quad \text{C. Q. F. D.}$$

41. Théorème II. *La différence,* $a - \sin a$, *entre un arc plus petit qu'un quadrant et son sinus est plus petit que le quart du cube de l'arc*

$$a - \sin a < \frac{a^3}{4}.$$

Pour le démontrer, on peut partir de l'inégalité

$$\frac{a}{2} < \tan g\, \frac{a}{2}, \quad \text{ou} \quad \frac{a}{2} < \frac{\sin \dfrac{a}{2}}{\cos \dfrac{a}{2}}.$$

On déduit de là immédiatement

$$\frac{a}{2}\cos\frac{a}{2} < \sin\frac{a}{2};$$

puis, en multipliant par $2\cos\dfrac{a}{2}$,

$$a\cos^2\frac{a}{2} < 2\sin\frac{a}{2}\cos\frac{a}{2};$$

ou $\qquad a\cos^2\dfrac{a}{2} < \sin a$ [d'après la formule (23)].

Ceci revient à $\qquad a\left(1 - \sin^2\dfrac{a}{2}\right) < \sin a.$

Mais $\dfrac{a}{2}$ étant plus grand que $\sin\dfrac{a}{2}$, $\dfrac{a^2}{4}$ est plus grand que $\sin^2\dfrac{a}{2}$.

Si nous retranchons, au lieu de $\sin^2\dfrac{a}{2}$, la quantité plus grande $\dfrac{a^2}{4}$, nous diminuerons le premier membre de notre inégalité. Nous avons donc *à fortiori*

$$a\left(1 - \frac{a^2}{4}\right) < \sin a, \quad \text{ou } a - \frac{a^3}{4} < \sin a.$$

D'où en transposant $\frac{a^3}{4}$ et $\sin a$, on déduit enfin

$$a - \sin a < \frac{a^3}{4}. \text{ C. Q. F. D.}$$

41 bis. COROLLAIRE. Si l'arc a est exprimé par une petite fraction, la différence entre l'arc et le sinus $(a - \sin a)$ est non-seulement très-petite en elle-même, mais encore très-petite par rapport à l'arc ou au sinus.

En effet $a - \sin a$ est $< \frac{a^3}{4}$, et $\frac{a^3}{4} = a \times \frac{a^2}{4}$. Si a est une petite fraction, $a \times \frac{a^2}{4}$ est une très-petite fraction de a.

Ier EXEMPLE. Soit $a = 0,0001$. On a :

1° $a - \sin a < \dfrac{(0,0001)^3}{4}$, ou $a - \sin a < \dfrac{0,000000000001}{4}$;

2° $a - \sin a < a \times \dfrac{(0,0001)^2}{4}$; ou $a - \sin a <$ la 400000000^e partie de a.

Sin a surpasse donc $\dfrac{399999999}{400000000}$ de a, et $a - \sin a$ est moindre que $\dfrac{1}{399999999}$ de $\sin a$.

42. Guidé par ces considérations, on a choisi pour commencer un très-petit arc, l'arc de 10″. Pour cet arc qui, rapporté au rayon, est plus petit que 0,0001, la différence $a - \sin a$ est relativement assez petite pour être négligée, et la valeur de l'arc est une valeur suffisamment approchée du sinus. C'est ce que nous allons vérifier:

45. CALCUL DE SIN 10″. Le rayon étant l'unité des arcs et des lignes trigonométriques, la circonférence trigonométrique $= 2\pi$; la demi-circonférence ou 180° $= \pi$. Par suite 1° $= \dfrac{\pi}{180}$; 1′ $=$

$$\frac{\pi}{180 \times 60} = \frac{\pi}{10800}; \quad 1'' = \frac{\pi}{10800 \times 60} = \frac{\pi}{648000}; \quad 10'' = \frac{\pi}{64800}.$$

En effectuant cette dernière division, on trouve

$$\text{arc } 10'' = 0,000048481368110\ldots \tag{1}$$

Cette valeur est plus petite que 0,00005. On a donc

$$(\text{arc } 10'')^3 < (0,00005)^3 = 0,000000000000125$$

$$\frac{(\text{arc } 10'')^3}{4} < 0,000000000000032.$$

Par suite

$$\text{arc } 10'' - \sin 10'' < 0,000000000000032. \tag{2}$$

En prenant la valeur ci-dessus de l'arc de 10″ pour celle de sin 10″, c'est-à-dire en prenant

$$\sin 10'' = 0,000048481368110\ldots,$$

on commet une erreur moindre que 32 unités décimales du 15ᵉ ordre, et, *à fortiori*, moindre qu'une demi-unité décimale du 13ᵉ ordre.

REMARQUE. Si de la valeur (1) de l'arc de 10″ je retranchais son excès sur sin 10″, j'aurais pour reste sin 10″; si j'en retranche 0,000000000000032, qui est plus grand que cet excès, j'aurai un reste plus petit que sin 10″. Je fais cette soustraction, et j'ai pour reste

(3)   0,000048481368078 < sin 10″.

La valeur (1) de l'arc de 10″ est plus grande que sin 10″; le nombre (3) est plus petit. Les décimales communes à ces nombres (1) et (3) appartiennent donc à la vraie valeur de sin 10″. On a exactement

$$\sin 10'' = 0,000048481368\ldots$$

44. CALCUL DE cos 10″. Connaissant sin 10″, on en déduit cos 10″ en appliquant la formule $\cos a = \sqrt{1 - \sin^2 a}$.

Le calcul donne

$$\cos 10'' = 0,999999998824\ldots$$

Au lieu de cette formule qui se présente la première, il est plus simple d'employer celle-ci :

$$\cos a = 1 - \frac{a^2}{2}.$$

On déduit cette formule de l'égalité $2\sin^2\frac{1}{a}\,a = 1 - \cos a$ (n° 30, formule (21)).

De cette égalité on déduit d'abord : $\cos a = 1 - 2\sin^2\frac{a}{2}$.

Comme nous voulons appliquer cette formule à l'arc de $10''$, nous pouvons, avec une erreur encore moindre que celle qui a été commise sur $\sin 10''$, remplacer $\sin^2\frac{a}{2}$ par $\frac{a^2}{4}$ (*). On trouve ainsi $\cos a = 1 - \frac{a^2}{2}$.

45. Connaissant $\sin 10''$ et $\cos 10''$, on peut trouver successivement le sinus et le cosinus de chacun des arcs suivants $20''$, $30''$, $40''$, $50''$, $60''$ ou $1'$, $70''$, etc., en employant les formules qui concernent $\sin 2a$, $\cos 2a$, $\sin(a+b)$, $\cos(a+b)$. Car $20'' = 2$ fois $10''$; $30'' = 20'' + 10''$; $40'' = 2$ fois $20''$; $50'' = 40'' + 10''$, etc.

Il suffit de calculer ainsi le sinus et le cosinus de tous les arcs croissant de $10''$ en $10''$ jusqu'à $45°$. Cela fait, on connaîtra les sinus et les cosinus de tous les arcs croissant de $10''$ en $10''$ de $45°$ à $90°$: il suffit de comparer ces derniers arcs à leurs compléments compris entre $45°$ et $0°$. Par ex., le sinus $58°10'$ est égal au cosinus déjà calculé de $31°50'$; le cosinus de $58°10'$ n'est autre que le sinus de $31°50'$. Au delà de $90°$, chaque arc est le supplément d'un arc moindre que $90°$; ses lignes trigonométriques sont celles de ce supplément, abstraction faite des signes que nous connaissons pour les uns comme pour les autres (n° 17).

46. FORMULES DE THOMAS SIMPSON. Les lignes trigonométriques des arcs croissant de $10''$ en $10''$, depuis $20''$ jusqu'à $45°$, peuvent se calculer plus simplement et plus rapidement à l'aide de deux formules dues à Thomas Simpson.

On obtient ces formules en combinant, comme il suit, les formules (9), (10), (11), (12)

$$\sin(a+b) + \sin(a-b) = 2\sin a\cos b,$$
$$\cos(a+b) + \cos(a-b) = 2\cos a\cos b.$$

De ces égalités on déduit

$$\sin(a+b) = 2\sin a\cos b - \sin(a-b), \qquad (\alpha)$$
$$\cos(a+b) = 2\cos a\cos b - \cos(a-b). \qquad (\beta)$$

Faisons $a = mb$; alors $(a-b) = (m-1)b$; $a+b = (m+1)b$.

En substituant dans (α) et dans (β) ces valeurs de $a-b$, de a et de $a+b$,

---

(*) L'erreur $2\left[\left(\frac{a}{2}\right)^2 - \left(\sin\frac{a}{2}\right)^2\right] = 2\left(\frac{a}{2} + \sin\frac{a}{2}\right)\left(\frac{a}{2} - \sin\frac{a}{2}\right)$ est plus petite que $2\left(\frac{a}{2} + \frac{a}{2}\right) \times \frac{1}{4}\left(\frac{a}{2}\right)^3 = 2a\frac{a^3}{32} = \frac{a^4}{16}$.

on trouve

$$\sin(m+1)b = 2\cos b \sin mb - \sin(m-1)b, \qquad (29)$$
$$\cos(m+1)b = 2\cos b \cos mb - \cos(m-1)b. \qquad (30)$$

Telles sont les formules de Thomas Simpson.

Tous les arcs dont on calcule les sinus et les cosinus forment une progression arithmétique dont la raison est $10''$, et chacun d'eux est un multiple de $10''$; d'ailleurs $a+b$, a, et $(a+b$, forment une progression arithmétique, dont la raison est b. C'est pourquoi on a fait $a=mb$ (un multiple de b) et $b=10''$. Après cela, il suffit de donner successivement à m les valeurs 1, 2, 3, 4, 5, ... pour faire servir les formules (29) et (30) à calculer les sinus et les cosinus de tous les arcs de $10''$ en $10''$ à partir de $20''$.

b étant constamment pris égal à $10''$, les formules donnent :

Pour $m=1$
$$\begin{cases} \sin 20'' = 2\cos 10'' \sin 10'', \\ \cos 20'' = 2\cos 10'' \cos 10'' - \cos 0'' = 2\cos^2 10'' - 1. \end{cases}$$

Pour $m=2$
$$\begin{cases} \sin 30'' = 2\cos 10'' \sin 20'' - \sin 10'', \\ \cos 30'' = 2\cos 10'' \cos 20'' - \cos 10''. \end{cases}$$

Pour $m=3$
$$\begin{cases} \sin 40'' = 2\cos 10'' \sin 30'' - \sin 20'', \\ \cos 40'' = 2\cos 10'' \cos 30'' - \cos 20''. \end{cases}$$

Pour $m=4$
$$\begin{cases} \sin 50'' = 2\cos 10'' \sin 40'' - \sin 30'', \\ \cos 50'' = 2\cos 10'' \cos 40'' - \cos 30''. \end{cases}$$

etc.   etc.

On effectue aisément les calculs indiqués. Le sinus et le cosinus de chaque arc s'obtiennent, comme on le voit, au moyen des sinus et des cosinus des deux arcs précédents. On remarquera en outre qu'il n'y a à faire, pour obtenir chaque nouveau sinus ou cosinus, qu'une multiplication et une soustraction. Et encore, comme c'est partout le même multiplicateur, $2\cos 10''$, chaque multiplication se réduit à une addition. (On peut calculer à l'avance les 9 premiers multiples de $2\cos 10''$.)

47. LOGARITHMES DES LIGNES TRIGONOMÉTRIQUES. Les valeurs numériques des sinus et des cosinus des arcs, croissant de $10''$ en $10''$ jusqu'à $45°$, une fois connues, on a calculé les logarithmes de ces valeurs dans le système vulgaire, c'est-à-dire dans le système dont la base est 10.

Connaissant les logarithmes des sinus et des cosinus, on en déduit aisément les logarithmes des tangentes et des cotangentes des mêmes arcs en se servant des formules

$$\tan g\, a = \frac{\sin a}{\cos a}, \quad \cot a = \frac{\cos a}{\sin a},$$

auxquelles les logarithmes sont immédiatement applicables.

$$\text{Log} \tan g\, a = \log \sin a - \log \cos a,$$
$$\text{Log} \ \cot a = \log \cos a - \log \sin a.$$

Il n'est pas nécessaire, comme on le voit, de calculer les tangentes et les cotangentes elles-mêmes, puisqu'on obtient sans cela leurs logarithmes qui sont seuls employés.

48. OBSERVATION IMPORTANTE. *Les logarithmes de tous les sinus, de tous les cosinus, des tangentes de 0° à 45°, des cotangentes de 45° à 90° sont augmentés de 10 dans les tables les plus usitées.*

Toutes les lignes trigonométriques que nous venons d'indiquer, étant plus petites que le rayon, sont exprimées par des nombres moindres que 1 ; leurs logarithmes sont donc négatifs. Jugeant incommode l'emploi continuel de ces logarithmes négatifs, les auteurs des tables les plus usitées, Callet, Lalande, etc., les ont rendus artificiellement positifs, en augmentant chacun de 10 unités.

49. On s'est servi longtemps de ces logarithmes augmentés en ayant soin, après les opérations effectuées, de corriger les résultats de l'erreur provenant de l'augmentation des logarithmes (*).

Mais, depuis quelques années, l'usage prévaut de plus en plus d'employer les logarithmes exacts (non augmentés), composés d'une partie décimale positive et d'une caractéristique positive ou négative, suivant que le logarithme est positif ou négatif. Cet usage est d'ailleurs conforme au programme officiel ; c'est pourquoi nous l'adopterons exclusivement.

M. Dupuis a publié depuis peu une nouvelle édition des tables de Callet, dans laquelle il a mis les logarithmes trigonométriques exacts ; il a retranché partout la dizaine ajoutée en faisant porter exclusivement cette soustraction sur la caractéristique. Les tables ainsi corrigées sont évidemment les plus commodes pour l'usage actuel.

(*) On corrigeait suivant cette règle :

RÈGLE. Pour chacun de ces logarithmes augmentés employé dans une somme comme terme additif, on retranche 10 de la somme effectuée (parce qu'on a ajouté 10 de trop). Pour chacun de ces logarithmes soustrait, on augmente le reste de 10 (pour compenser la dizaine retranchée de trop).

Pour trouver un angle dans la table, au moyen d'un logarithme trouvé ou donné, on augmente ce logarithme de 10 et on cherche dans la table le logarithme augmenté.

50. Celui qui possède les anciennes tables peut d'ailleurs faire aisément cette soustraction lui-même.

Règle. *En lisant dans les tables trigonométriques un logarithme tel que celui-ci :* 9,5860283, *on retranche mentalement* 10 *de la caractéristique, et on écrit :* $\overline{1}$,5860283.

Pour trouver un angle inconnu au moyen d'un logarithme donné ou trouvé, on augmente mentalement ce log. de 10, *et on cherche dans la table ce logarithme ainsi augmenté.*

Ex. : $\log \sin x = \overline{1}{,}5866219$; on cherche 9,5866219.

Cette règle s'applique à tous les sinus, à tous les cosinus, aux tangentes de 0° à 45° et aux cotangentes de 45° à 90°.

51. Dans ce qui va suivre, nous parlerons et nous écrirons comme si le lecteur avait entre les mains des tables corrigées. Nous sous-entendrons l'application de la règle précédente par celui qui possède les anciennes tables. En l'appliquant chaque fois qu'il fera usage de ces tables, il écrira comme nous, opérera comme nous, absolument comme s'il avait des tables corrigées.

USAGE DES TABLES DE LOGARITHMES TRIGONOMÉTRIQUES.

52. Les tables les plus usitées sont les tables de Callet à *sept* décimales, et les tables de Lalande à *cinq* décimales.

53. Tables de callet. On trouve au commencement de ces tables les logarithmes des sinus et des tangentes des arcs, de seconde en seconde, de 0″ à 5°. Les mêmes logarithmes sont les log cosinus et les log cotangentes des arcs complémentaires qui sont compris entre 90° et 85°.

Les log sinus et les log cosinus sont sur les pages de gauche; les log tangentes et les log cotangentes sur les pages de droite.

La recherche d'un de ces logarithmes est facile. Prenons des exemples.

1° Trouver $\log \sin 2° 47' 37''$.

Je cherche 2° sur les pages de gauche, au-dessus du cadre, puis 47′ au-dessous de 2° dans la 1re colonne horizontale supérieure. Ayant trouvé 47′, je cherche 37″ dans la 1re colonne verticale à gauche de la même page; puis, je suis la colonne verticale

3

qui est au-dessous de 47′, et la colonne horizontale à droite de 37″ jusqu'à leur rencontre. Le nombre qui se trouve à cette rencontre (*) est le log cherché.

$$\text{Log} \sin 2°.47′37″ = \bar{2},6878712.$$

2° Le log d'une tangente se trouve de la même manière sur les pages de droite.

3° Trouver log cos 87° 29′ 43″.

Je cherche 87° sur les pages de gauche, au-dessous du cadre, puis 29′ au-dessus de 87° dans la 1ʳᵉ colonne horizontale en remontant. Ayant trouvé 29′, je cherche 43″ dans la dernière colonne, à droite de la même page en remontant. Puis, je suis la colonne verticale au-dessus de 29′, et la colonne horizontale à gauche de 43″ jusqu'à leur rencontre. Le nombre qui se trouve à cette rencontre (**) est le log cherché

$$\text{log} \cos 87 \; 29′ \; 43″ = \bar{2},6404986.$$

4° Le logarithme d'une cotangente se trouve exactement de la même manière qu'un log cos, mais sur les pages de droite

$$\text{Log} \cot 88° 53′ 28″ = \bar{2},2868196.$$

54. Après ces premières tables, on en trouve d'autres qui contiennent les logarithmes des sinus, des cosinus, des tangentes et des cotangentes des arcs de 10″ en 10″ depuis 10″ jusqu'à 90°.

Pour les arcs inférieurs à 45°, on lit les degrés au haut des pages, les minutes et les dizaines de secondes dans les deux premières colonnes à *gauche* et en *descendant*.

Pour les arcs plus grands que 45°, au contraire, on lit les degrés au bas des pages, les minutes et les secondes dans les deux dernières colonnes à *droite* et en *remontant*. Les noms des lignes trigonométriques se lisent au haut ou au bas des pages suivant que l'arc est plus petit ou plus grand que 45°.

Les différences entre les logarithmes consécutifs se trouvent *à droite* de ces logarithmes, entre le plus petit et le plus grand pour les sinus et les cosinus. Les différences entre les logarithmes des

---

(*) Diminué de 10 quand on se sert des anciennes tables.
(**) *Idem.*

tangentes sont les mêmes que les différences entre les logarithmes des cotangentes des mêmes arcs.

Ces différences communes se trouvent entre les colonnes de logarithmes intitulées *tang.* et *cotang.*

De la formule tang $a \times$ cot $a = 1$, par ex., on déduit·

$$\log \text{tang } a + \log \text{cot } a = 0.$$

Pour un autre arc a',

$$\log \text{tang } a' + \log \text{cot } a' = 0.$$

On déduit de ces deux égalités :

$$\log \text{tang } a - \log \text{tang } a' = \log \text{cot } a' - \log \text{cot } a.$$

55. On trouve facilement, d'après ces indications, le logarithme d'une ligne trigonométrique quand l'arc ne contient que des degrés, des minutes et des dizaines de secondes.

Ex. : *Log sin* 23° 28′ 40″.

L'arc est plus petit que 45°. On cherche 23° au haut des pages. L'ayant trouvé, on cherche 28′ dans la 1ʳᵉ colonne *à gauche*, en descendant; puis 40″ dans la seconde colonne en descendant à partir de 28′. A droite de 40″, sur la même ligne horizontale, dans la colonne intitulée en haut *sinus*, on trouve le logarithmes cherché (*).

$$\log \sin 23° 28' 40'' = \overline{1},6003121.$$

2ᵉ EXEMPLE. *Trouver log cos* 63° 35′ 20″.

L'arc est plus grand que 45°. On cherche 63° au bas des pages. L'ayant trouvé, on cherche 35′ dans la dernière colonne *à droite, en remontant;* puis, à partir de 35′, on cherche 20″ dans la colonne à côté, en remontant. Enfin en parcourant la ligne horizontale située à gauche de 20″, jusqu'à la colonne de logarithmes intitulée en bas *co-sin.*, on y trouve le logarithme cherché (**)

$$\log \cos 63° 35' 20'' = \overline{1},6481734.$$

56. Considérons maintenant le cas où l'arc contient des secondes et même des fractions de seconde.

Ex. : log sin 37° 19′ 43″,4.

Laissant d'abord de côté les unités et les fractions de secondes, on

---

(*) Qu'on diminue de 10, si on a les anciennes tables.
(**) *Idem.* Nous ne le dirons plus.

cherche log sin 37°19′40″. On complète ensuite le logarithme trouvé par la méthode des parties proportionnelles. On suppose que les différences entre les logarithmes sont proportionnelles aux différences entre les arcs. Cela n'est pas tout à fait exact; mais on se contente de l'approximation ainsi obtenue. Voici d'abord le calcul très-développé :

$$
\begin{array}{ll}
\text{Log sin } 37°\,19'\,40'' \ = \overline{1},7827406 \quad \text{(Diff. 276.)} & 27,6 \\
\text{pour} \qquad\qquad 3'',4 \qquad\qquad 94 & 3,4 \\
\hline
\text{Log sin } 37°\,19'\,43'',4 = \overline{1},7827500 & 1104 \\
& 828 \\
\cline{2-2}
& 93,84
\end{array}
$$

Log sin 37° 19′ 40″ = $\overline{1}$,7827406; on écrit d'abord ce logarithme. On prend la différence tabulaire 276; ce sont 276 unités décimales du dernier ordre du logarithme.

A 10″ de différence entre les arcs correspond la différence 276 entre les logarithmes. Pour 1″, c'est 27,6 et pour 3″,4 de différence entre 37° 19′ 40″ et 37° 19′ 43″,4 il doit y avoir une différence 27,6 × 3,4 entre les logarithmes de leurs sinus; c'est cette différence que nous avons calculée à droite. On ne doit ajouter que les unités du produit; nous avons ajouté 94, parce que le premier chiffre décimal négligé est plus grand que 4.

57. SIMPLIFICATION. *L'ensemble du calcul peut être beaucoup simplifié.*

Nous avons développé le tableau du calcul, afin de l'expliquer clairement et de le faire bien comprendre dans toutes ses parties. Mais le praticien qui a bien compris et qui sait, peut considérablement réduire les écritures sans rien négliger d'essentiel, et de manière à ce que le calcul *très-complet* puisse être aisément vérifié. Les voici réduites au strict nécessaire.

TYPE DU CALCUL *tel qu'il doit être disposé d'ordinaire.*

$$
\text{Log sin } 37°\,19'\,43'',4 = \overline{1},7827500 \qquad
\begin{array}{ll}
7406 & 27,6 \\
11;04 & 3,4 \\
& \overline{} \\
82,8 &
\end{array}
$$

EXPLICATION. Je pose d'abord la question en écrivant :
Log sin 37° 19′ 43″ =.

Puis je cherche dans la table log sin 37° 19′ 40″. J'écris les quatre premiers chiffres de ce log (qui ne seront *probablement* pas modifiés) à la suite du signe =, et les autres un peu plus loin; ce qui donne

$$\log \sin 37° 19′ 43″ = \overline{1},782.\ldots \qquad 7406$$

J'écris immédiatement après, un peu plus loin à droite, la différence tabulaire 276, en y séparant une décimale (pour l'avoir pour 1″), et je la multiplie par 3,4. Le résultat de cette multiplication devant être ajouté à 7406, j'écris les produits partiels, à mesure que je les calcule, de droite à gauche sous 7406, afin de n'avoir à faire qu'une seule addition générale. Il y aura évidemment deux décimales au produit; les unités simples devant se trouver sous le 6, je commence deux rangs plus loin que le 6, vers la droite, le 1ᵉʳ produit partiel que j'écris à mesure, de droite à gauche. Les deux produits partiels obtenus, je les additionne avec 7406. Les décimales de la somme devant être négligées, j'additionne d'abord *mentalement,* sans rien écrire, jusqu'à la colonne des unités simples (qui commence par 6). A partir de là, j'écris les chiffres de la somme *de droite à gauche* à côté de 782 (à la place des points); ce qui complète le logarithme cherché.

Le chiffre des dixièmes négligés surpassant 4, j'ai ajouté 1 de plus à la colonne des unités.

58. Voici encore quelques exemples de calculs simplifiés de la même manière.

2ᵉ EXEMPLE. Calcul de log tang 31° 29′ 47″,8.

$$\text{Log tang } 31° 29′ 47″,8 = \overline{1},7872617$$

	47,3
2248	7,8
37,84	———
331,1	

3ᵉ EXEMPLE. Calcul de log cos 58° 19′ 47″.

$$\text{Log cos } 58° 19′ 47″ = \overline{1},7201843$$

(V. *la remarque suivante.*)

	34,1
1741	3
102,3	——

4ᵉ EXEMPLE. Calcul de log cot 69° 43′ 15″,4.

$$\text{Log cot } 69° 43′ 15″,4 = \overline{1},5676094$$

(V. la remarque suivante.)

	64,8
5796	4,6
38,88	———
259,2	

59. Remarque *sur le calcul d'un log cosinus ou d'un log cotangente.*

Quand on cherche un log cos ou un log cot, on prend dans la table le log cos ou le log cot de l'arc *immédiatement supérieur.* Ainsi, dans le 3ᵉ ex., nous avons pris le log cos de 58° 19′ 50″. Nous avons retranché 47″ de 50″, puis multiplié 34,1 par 3. Enfin, nous avons ajouté 102,3 à 1741. Dans le 4ᵉ ex., nous avons pris log cot 69° 43′ 20″, puis retranché 15″,4 de 20″, ce qui a donné pour reste 4″,6; etc. On opère ainsi parce que log cos 58° 19′ 50″ est plus petit que log cos 58° 19′ 47″, tandis que log cos 58° 19′ 40″ est plus grand; en partant du premier logarithme, il faut ajouter la différence calculée, tandis qu'en partant du dernier, il faudrait la soustraire. Or, pour la promptitude des calculs, il vaut mieux avoir à additionner qu'à soustraire. Même explication pour les cotangentes.

60. Occupons-nous maintenant de la question inverse :

Trouver un arc connaissant le logarithme d'une de ses lignes tri-gonométriques.

1ᵉʳ Exemple. log sin $x = \bar{1},6305821$; *trouver* x.

Voici le tableau du calcul :

log sin $x = \bar{1},6305821$			1320	446
pour $\bar{1},6305689$	25° 17′ 10″		4280	2,9
pour 132	2″.9		266	
	$x = 25°17′12″,9$			

Explication. On cherche dans les tables parmi les log. des sinus, celui qui approche le plus en moins du logarithme donné; c'est $\bar{1},6305689$ qui appartient à 25° 17′ 10″. On retranche ce logarithme du logarithme donné; le reste est 132. On prend la différence tabulaire entre le log *sinus* que l'on vient de prendre et le suivant; c'est 446. A cette différence de 446 unités décimales du dernier ordre entre les deux logarithmes, correspond une différence de 10″ entre les deux arcs (25° 17′ 10″ et 25° 17′ 20″); à une différence de 1 entre les logarithmes correspond une différence de $\dfrac{10″}{446}$ entre les arcs; à la différence 132 entre le log sin 25° 17′ 10″ et le log sin x, correspond la différence $\dfrac{10″ \times 132}{446}$ entre ces deux arcs. C'est cette différence que nous avons évaluée à côté, à moins d'un dixième

de seconde. Ayant trouvé 2″,9 nous les avons ajoutées à 25°
17′10″.

61. SIMPLIFICATION. On peut encore, comme dans le problème
direct, simplifier les écritures et les réduire à ce qui suit :

TYPE DU CALCUL *tel qu'il doit être disposé et effectué d'ordinaire.*

$$\overline{1},6305831 = \log \sin 25°17′12″,9$$

$$\frac{689}{\overline{1320}} \Big| \frac{446}{2,9}$$
$$4280$$
$$266$$

EXPLICATION. Je pose la question en écrivant : $\overline{1}$,6305831 =
log sin.

Je cherche dans la table le log sinus qui approche le plus en
moins de $\overline{1}$,6305831 ; c'est $\overline{1}$,6305689 qui appartient à 25°17′10″.
J'écris seulement sous le log. *donné* les chiffres de ce log. de la table
qui sont différents, c'est-à-dire 689. Puis, à côté de *log. sin.* j'écris
25° 17′ 1 (jusqu'au chiffre des dizaines de secondes inclusivement).
Je retranche 689 du log. donné; puis je divise le reste suivi d'un
zéro par la différence tabulaire comme il a été expliqué tout à
l'heure. La division faite, j'écris 2″,9 à la droite de 25°17′,1, et la
question est complètement résolue.

62. Voici d'autres exemples de calculs simplifiés de la même
manière.

2° EXEMPLE. Log tang $x = \overline{1}$,8170964; *trouver* x.

$$\overline{1},8170964 = \log \text{ tang } 33°16′35″,4$$

$$\frac{712}{\overline{2520}} \Big| \frac{459}{5,4}$$
$$2250$$

3° EXEMPLE. Log cos $x = \overline{1}$,7319402; *trouver* x.

$$\overline{1},7319402 = \log \cos 57°21′17″,0$$

$$\frac{632}{\overline{2300}} \Big| \frac{328}{7,0} \quad \text{(V. la remarque suivante.)}$$
$$40$$

4° Exemple. Log cot $x = \bar{1},7607187$; *trouver* x.

$$\bar{1},7607187 = \log \cot 60°2'28'',1.$$

$$\frac{7\overset{.}{5}84}{\underset{740}{3970}} \left|\frac{487}{8,1}\right.$$ (V. la remarque.)

63. Remarque *sur les log cosinus et les log cotangentes.*

Pour le *cosinus* et pour la *cotangente* on prend le log. de la table immédiatement supérieur au log. donné, parce que ce log. appartient à l'arc de la table immédiatement inférieur à l'arc cherché. On écrit les chiffres qui sont différents, et on soustrait le log. supérieur du log. inférieur. Puis on divise par la différence tabulaire suivant la règle. Le quotient ainsi obtenu s'ajoute à l'arc déjà écrit comme dans le cas du sinus et de la tangente.

Nous n'avons cherché que les dixièmes de chaque quotient. Il est peu utile de calculer les centièmes de seconde sur lesquels on ne peut d'ailleurs pas toujours compter.

64. Tables de Lalande. Elles renferment les logarithmes des sinus, cosinus, tangentes et cotangentes des arcs, de minute en minute, de 1' à 90°. Les nombres de degrés et la désignation des lignes trigonométriques se trouvent en tête des colonnes de logarithmes pour les arcs moindres que 45°, et au bas des mêmes colonnes pour les arcs plus grands que 45°. Les minutes se lisent pour les premiers, en descendant, dans la première colonne *à gauche,* et pour les derniers, en montant, dans la dernière colonne *à droite.* Les différences entre les logarithmes, considérés consécutivement deux à deux, se trouvent dans une petite colonne *à droite,* pour les log sin et les log cosin. Les différences entre les log tang sont les mêmes qu'entre les log cotang (n° 54). Ces différences communes se trouvent entre les deux colonnes intitulées *tangentes* et *cotangentes.*

65. D'après ces indications, il est facile de trouver les logarithmes quand les arcs proposés ne contiennent que des degrés et des minutes.

Ex. : *Trouver* log sin 29° 37'.

L'arc est moindre que 45°. On cherche sin 29° au haut des pages, puis 37' dans la première colonne *à gauche,* en descendant, à partir de 30'. A droite de 37', sur la même ligne horizontale, on trouve le logarithme cherché : Log sin 29° 37' = $\overline{1}$,69390.

2ᵉ Ex. : *Trouver* log cot 71° 43'.

- L'arc est plus grand que 45°. On cherche cot 71° au bas des pages. L'ayant trouvé, on cherche 43' dans la dernière colonne à *droite,* en remontant. Sur la même ligne horizontale que 43', dans la colonne marquée en bas : cot 71°, on trouve le logarithme cherché. Log cot 71° 43' = $\overline{1}$,51903.

66. Considérons maintenant un arc contenant des secondes.

Ex. : *Trouver* log sin 31° 27' 43".

Laissant d'abord de côté les secondes, on cherche log sin 31° 27' comme il vient d'être indiqué. Puis on complète ce logarithme par la méthode des parties proportionnelles; on suppose les différences entre les logarithmes proportionnelles aux différences entre les arcs. Cela n'est pas tout à fait exact; mais on se contente de l'approximation ainsi obtenue. Voici d'abord le tableau des calculs :

$$
\begin{array}{llll}
\log \sin 31°27' & = \overline{1},71747 \text{ (diff. (20)} & 20 & \\
\text{pour} \quad 43' & = \quad\quad 14 & 43 & \big|\ 60 \\
\hline
\log \sin 31°27'43'' & = \overline{1},71761 & 860 & \big|\ 14 \\
& & 260 & \\
& & 20 &
\end{array}
$$

Explication. On cherche le log. de 31° 27'. La différence entre ce log. et le suivant est 20. (20 unités décimales du dernier ordre.)

Pour 1' de différence entre les arcs, il y a 20 de différence entre les logarithmes. Pour 1", ce sera $\dfrac{20}{60}$, et pour 43" de différence entre 31° 27' et 31° 27' 43", il y aura $\dfrac{20 \times 43}{60}$ de différence entre les logarithmes de leurs sinus. C'est cette différence que nous avons évaluée à moins d'une unité (petit calcul à droite). Nous avons ajouté le résultat 14 au logarithme de 31° 27' pris dans la table.

67. Simplification. On peut se borner à écrire ce qui suit :

$$
\text{Log sin } 31°27'43'' = \overline{1},71661
$$

$$
\begin{array}{ll}
747 & 20 \\
14 & 43 \\
\hline
86,0 & \big|\ 6 \\
26 & \big|\ 14
\end{array}
$$

EXPLICATION. J'écris sin 31°27′43″=. Puis je cherche dans la table log sin 31°27′. J'écris les 3 premiers chiffres à droite du signe =, et les trois autres un peu plus loin. J'ai ainsi

$$\sin 31° 27′ 43″ = \overline{1},71\dots \quad 747.$$

J'écris plus loin la différence tabulaire 20 que je multiplie par le nombre des secondes 43. Pour diviser le produit par 60, je le divise d'abord par 10 en séparant une décimale, puis je divise la partie entière 86 par 6. J'écris le quotient 14 sous 747. Cela fait, j'additionne ces deux nombres en écrivant la somme de droite à gauche à côté de 71 (à la place des points).

$$2^e \text{ Ex. : } \log \cos 67° 43′ 28″ = \overline{1},57851$$

855	30
16	32

96,0	6
36	16

On cherche l'arc *immédiatement supérieur* 67° 44′ dont on écrit le log cos partie à la droite du signe =, partie plus loin comme ci-dessus (1,57… 855). On retranche 43′ 28″ de 44′, ou simplement 28″ de 60″, et on multiplie la différence tabulaire par le reste 32, etc. (On opère de même pour trouver log cotang. V. *la remarque du n° 59*.)

68. QUESTION INVERSE. *Trouver un arc connaissant le logarithme d'une de ses lignes trigonométriques.*

EXEMPLE :   log sin $x = \overline{1}$,58149; *trouver* x.

Voici la disposition du calcul :

	18	
$\overline{1}$,58149 = log sin 22° 25′ 35″	60	31
31	1080	35
18	150	

EXPLICATION. On cherche dans les tables, colonne des sinus, le logarithme qui approche le plus en moins du logarithme donné; c'est $\overline{1}$,58131, qui appartient à 22° 25′. On écrit seulement les chiffres différents de ce logarithme de la table sous le logarithme donné, et on soustrait; il reste 18.

La différence tabulaire (entre log sin 22° 25′ et log sin 22° 26′) est 31. Pour 31 de différence entre les logarithmes, il y a 1′ de différence entre les arcs. Pour 1 ce sera $\dfrac{1′}{31}$; pour 18 de différence , entre $\log \sin x$ et $\log \sin 22° 25'$, il y a donc $\dfrac{18'}{31}$ ou $\dfrac{18 \times 60''}{31}$ de différence entre x et $22° 25'$. Nous avons calculé cette différence à droite ; ayant trouvé 35, nous avons conclu que $x = 22° 25' 35''$.

69. Ce résultat peut être en erreur de plusieurs secondes. En admettant même que les différences entre les arcs soient proportionnelles aux différences entre les logarithmes, il résulte *de ce seul fait que les logarithmes ne sont approchés qu'à moins d'une unité de leur dernier chiffre*, que le calcul précédent ne donne l'arc cherché qu'avec une approximation de quelques secondes. L'erreur commise peut, pour cette cause seule, aller jusqu'à 5 ou 6 secondes. Si l'on veut une plus grande approximation, il faut employer les tables à sept décimales.

2ᵉ Exemple. $\text{Log} \cos x = \overline{1},80722$.

$$\overline{1},80722 = \log \cos 50° 45' 36''$$

9	
60	15
54.0	36
90	
0	

$$\begin{array}{c} 31 \\ \hline 9 \end{array}$$

70. Remarque. Quand on donne $\log \cos x$, ou $\log \text{cotang } x$ pour trouver x, on prend dans les tables le logarithme immédiatement supérieur au logarithme donné, et on en retranche ce logarithme donné. Nous en avons dit la raison à la fin du n° 59.

EXERCICES.

85. $\operatorname{Sin} x = 0,587$. Déterminer x jusqu'aux dixièmes de secondes.

86. $\operatorname{Sin} x + 2 \cos x = 0$. Trouver x.

87. $\operatorname{Sin} x + \sin y = 1,4783$; $\cos x - \cos y = 0,1937$. Trouver x et y à $1''$ près.

88. $a = 43° 18' 37''$; $b = 64° 27' 19''$; $\text{tang } x = \text{tang } a + \text{tang } b$. Trouver x.

89. $\text{Tang } x = 1 + \sin 47° 18' 24''$. Trouver x.

90. $\operatorname{Sin} x + \sin y = 1,478$; $\cos x + \cos y = 1,03$. Trouver x et y.

91. Déterminer à l'aide des tables de logarithmes.

    —   l'arc dont le sinus est 3/5 [arc sin (3/5)].

92.   —   l'arc dont le sinus est $-5/9$.

93.   —   de même et successivement arc cos (0,7), arc tang (1,4), arc séc $(-1,8)$.

RÉSOLUTION DES TRIANGLES.

71. Après avoir montré comment on peut calculer les nombres qui expriment les lignes trigonométriques *rapportées au rayon*, nous allons établir et démontrer les relations qui existent entre *ces nombres* et les côtés d'un triangle; puis nous ferons voir comment on résout les triangles à l'aide de ces relations.

72. A partir de ce moment nous ne parlerons plus d'arcs; nous ne parlerons que des angles des triangles. Nous imaginerons un arc de cercle décrit du sommet de chaque angle comme centre avec un rayon quelconque que nous supposerons toujours égal à 1 (n° 13), et nous dirons *le sinus, le cosinus, la tangente de tel ou tel angle*, au lieu de dire *le sinus, le cosinus, la tangente de l'arc correspondant*.

Il n'y a aucun inconvénient à substituer ainsi le mot *angle* au mot *arc*. En effet, nous avons vu (n° 10) que les nombres trigonométriques, tels que nous les avons calculés, correspondent précisément aux nombres de degrés des arcs. Or un nombre de degrés désigne et mesure aussi bien un angle que l'arc correspondant. On peut donc dire que chaque nombre trigonométrique correspond à l'angle aussi bien qu'à l'arc; il détermine l'un aussi bien que l'autre (n° 10).

73. On désigne habituellement les trois angles d'un triangle quelconque par A, B, C, et les côtés opposés par a, b, c. L'angle droit d'un triangle rectangle s'appelle A, et l'hypoténuse a.

RELATIONS ENTRE LES ANGLES ET LES CÔTÉS D'UN TRIANGLE
RECTANGLE.

74. Théorème. *Chaque côté de l'angle droit d'un triangle rectangle est égal à l'hypoténuse multipliée par le sinus de l'angle opposé à ce côté*

$$b = a \sin B.$$

Démonstration. Décrivons, du sommet B comme centre, un arc de cercle ME, compris entre les côtés de l'angle; menons la perpendiculaire MP; MP $= \sin B$; MB ou EB $= 1$.

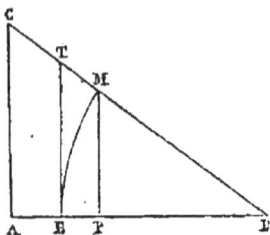

La similitude des triangles BMP, BCA donne

$$\frac{CA}{MP} = \frac{CB}{MB} \quad \text{ou} \quad \frac{b}{\sin B} = \frac{a}{1};$$

d'où $$b = a \sin B.$$

75. Les angles B et C étant complémentaires, $\sin B = \cos C$; donc $b = a \cos C$. De là cet autre théorème :

Chaque côté de l'angle droit d'un triangle rectangle est égal à l'hypoténuse multipliée par le cosinus de l'angle adjacent à ce côté.

76. Théorème. *Chaque côté de l'angle droit d'un triangle rectangle est égal à l'autre côté de l'angle droit multiplié par la tangente de l'angle opposé au premier côté*

$$b = c \, \tang B.$$

Démonstration. Menons la tangente ET de l'arc ME. La similitude des triangles BTE, BAC, donne

$$\frac{AC}{ET} = \frac{AB}{EB}, \quad \text{ou} \quad \frac{b}{\tang B} = \frac{c}{1}; \quad \text{d'où} \quad b = c \, \tang B.$$

77. Remarque. Tang $B = \cot C$; donc $b = c \cot C$.

Ainsi, *chaque côté de l'angle droit d'un triangle rectangle est égal à l'autre côté de l'angle droit multiplié par la cotangente de l'angle adjacent au 1er côté.*

L'égalité $b = c \tang B$ peut se déduire des deux propositions précédentes. En effet, de $b = a \sin B$ et de $c = a \cos B$, on déduit par division : $\dfrac{b}{c} = \dfrac{\sin B}{\cos B}$; ou $\dfrac{b}{c} = \tang B$; $b = c \, \tang B$.

RELATIONS ENTRE LES ANGLES ET LES CÔTÉS D'UN TRIANGLE QUELCONQUE.

78. Théorème. *Dans tout triangle rectiligne, les côtés sont entre eux dans le même rapport que les sinus des angles opposés.*

Démonstration. Abaissons la perpendiculaire BD. Dans le triangle

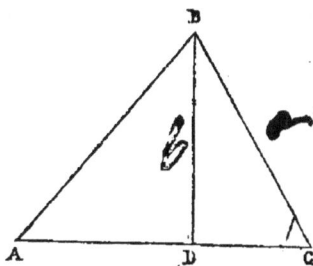

rectangle BCD, on a, en vertu d'un théorème précédent ($n° 74$), BD = $a \sin C$. Dans le triangle rectangle ABD, BD = $c \sin A$. Ces deux valeurs de la même ligne BD doivent être égales ; $a \sin C = c \sin A$. Divisons les deux membres de cette égalité par $c \sin C$; nous aurons $\dfrac{a \sin C}{c \sin C} = \dfrac{c \sin A}{c \sin C}$, qui se réduit à $\dfrac{a}{c} = \dfrac{\sin A}{\sin C}$. C. Q. F. D.

Il peut arriver que la perpendiculaire BD tombe en dehors du triangle proposé; la proposition n'en est pas moins vraie dans ce cas. Dans le triangle rectangle BCD, on a BD = $a \sin C$, et dans le triangle BAD, BD = $c \sin BAD$. Mais les angles BAD et CAB étant supplémentaires, $\sin CAB = \sin BAD$; donc BD = $c \sin CAB$ ou BD = $c \sin A$. Donc, enfin, $a \sin C = c \sin A$; d'où on déduit comme précédemment $\dfrac{a}{c} = \dfrac{\sin A}{\sin C}$.

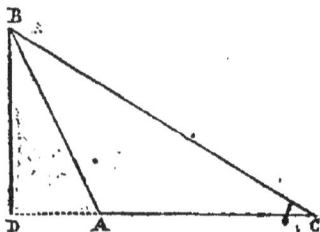

79. Théorème. *Dans tout triangle rectiligne, le carré de l'un des côtés est égal à la somme des carrés des deux autres, moins deux fois le produit de ces deux autres côtés, multiplié par le cosinus de l'angle qu'ils comprennent.*

$$a^2 = b^2 + c^2 - 2b \,.\, c \,.\, \cos A.$$

Démonstration. Menons la perpendiculaire BD (1re fig. du n° 78.) D'après la géométrie, $\overline{CB}^2 = \overline{AC}^2 + \overline{AB}^2 - 2AC \times AD$, ou $a^2 = b^2 + c^2 - 2b \times AD$. Mais le triangle ABD étant rectangle en D, AD = $c \cos A$ (n° 75); en remplaçant AD par $c \cos A$, on trouve

$$a^2 = b^2 + c^2 - 2bc \cos A. \quad \text{C. Q. F. D.}$$

Le théorème est vrai alors même que le 1er côté a est opposé à un angle obtus. Dans ce cas, on a d'abord, d'après la géométrie $a^2 = b^2 + c^2 + 2b \times AD$ (2e fig. du n° 78).

Dans le triangle rectangle BAD, AD = $c \cos BAD$. Les angles CAB, BAD sont supplémentaires; par conséquent, $\cos BAD = - \cos CAB$ ou $- \cos A$. En remplaçant $\cos BAD$ par $- \cos A$, on trouve

$$a^2 = b^2 + c^2 - 2bc \cos A.$$

En considérant successivement les trois angles du triangle, on a les relations

$$a^2 = b^2 + c^2 - 2bc \cos A.$$
$$b^2 = a^2 + c^2 - 2ac \cos B.$$
$$c^2 = a^2 + b^2 - 2ab \cos C.$$

80. Voici encore une relation entre les côtés et les angles qui sert dans la résolution des triangles.

THÉORÈME. *Entre les côtés* a, b, *et les angles opposés* A, B, *d'un triangle, on a la relation*

$$\frac{a-b}{a+b} = \frac{\tang \frac{1}{2} (A-B)}{\tang \frac{1}{2} (A+B)}$$

DÉMONSTRATION. Nous savons que $\dfrac{a}{b} = \dfrac{\sin A}{\sin B}$.

En retranchant 1 de chaque rapport, on trouve

$$\frac{a}{b} - 1 = \frac{\sin A}{\sin B} - 1, \text{ ou } \frac{a-b}{b} = \frac{\sin A - \sin B}{\sin B}. \quad (1)$$

En ajoutant 1 à chaque rapport, on obtient

$$\frac{a}{b} + 1 = \frac{\sin A}{\sin B} + 1, \text{ ou } \frac{a+b}{b} = \frac{\sin A + \sin B}{\sin B}. \quad (2)$$

En divisant les égalités (1) et (2), membre à membre, on obtient après réduction :

$$\frac{a-b}{a+b} = \frac{\sin A - \sin B}{\sin A + \sin B};$$

mais

$$\frac{\sin A - \sin B}{\sin A + \sin B} = \frac{\tang \frac{1}{2} (A-B)}{\tang \frac{1}{2} (A+B)}. \quad \text{(form. 31)}$$

Donc, enfin,

$$\frac{a-b}{a+b} = \frac{\tang \frac{1}{2} (A-B)}{\tang \frac{1}{2} (A+B)}. \quad \text{C. Q. F. D.}$$

81. A l'aide des relations que nous venons d'établir, on peut résoudre un triangle quelconque quand on a des données suffisantes pour le déterminer. Nous allons nous occuper de résoudre dans tous les cas un triangle dont on connaît trois éléments, parmi lesquels il y a au moins un côté, en commençant par les triangles rectangles.

82. Avec l'angle droit A d'un triangle rectangle, il suffit de connaître deux autres éléments, dont un côté au moins. Il peut se présenter quatre cas.

1er Cas. *On donne* a *et* B. (*L'hypoténuse et un angle aigu.*)

Il faut trouver C, b, c.

On se sert des relations connues.

1° C $= 90° - $ B;   2° $b = a \sin$ B;   3° $c = a \cos$ B. b et c se calculent par logarithmes.

Log $b = \log a + \log \sin$ B; $\log c = \log a + \log \cos$ B.

Surface du triangle. Cette surface est évidemment égale à 1/2 bc. $2s = bc$. Remplaçons b et c par leurs valeurs; $2s = a^2 \sin$ B $\cos$ B.

$$\text{Log } 2s = 2 \log a + \log \sin B + \log \cos B.$$

2° Cas. *On donne* a *et* b. (*L'hypoténuse et un autre côté.*)

Il faut trouver B, C, c.

On se sert des formules suivantes :

1° $b = a \sin$ B;   d'où $\sin$ B $= \dfrac{b}{a}$;

2°   C $= 90° - $ B;

3° $c = \sqrt{a^2 - b^2} = \sqrt{(a + b)(a - b)}.$

On trouve B et c à l'aide des logarithmes :

$$\text{Log } \sin B = \log b - \log a; \quad \log c = \frac{\log(a + b) + \log(a - b)}{2}.$$

B étant trouvé, on peut aussi trouver c en se servant de la formule $c = a \cos$ B; d'où $\log c = \log a + \log \cos$ B.

On fera bien de chercher c des deux manières. Le deuxième calcul vérifiera le premier ainsi que le calcul de l'angle B.

Calcul de la surface. $s = 1/2\ bc$ ou $2s = b \times c$. Log $2s = \log b + \log c$.

3e Cas. *On donne* b *et* B. (*Un côté de l'angle droit et un angle aigu.*)

Il faut trouver C, a, c.

On se sert des relations :

1° $C = 90° - B$;

2° $b = a \sin B$; d'où $a = \dfrac{b}{\sin B}$, et $\log a = \log b - \log \sin B$.

3° $\qquad c = b \cot B$; d'où $\log c = \log b + \log \cot B$.

CALCUL DE LA SURFACE. $2s = b \times c = b^2 \cot B$.

VÉRIFICATION. On peut chercher c par la formule $c = a \cos B$.

4° CAS. *On donne les deux côtés* b, c.

Il faut trouver B, C, a.

On se sert des relations :

1° $b = c \tang B$; d'où $\tang B = \dfrac{b}{c}$, et $\log \tang B = \log b - \log c$.

2° $C = 90° - B$.

3° $b = a \sin B$; d'où $a = \dfrac{b}{\sin B}$, et $\log a = \log b - \log \sin B$.

SURFACE. $2s = b \times c$.

VÉRIFICATION. On peut chercher b par la formule $b = \sqrt{a^2 - c^2} = \sqrt{(a-c)(a+c)}$. Log $b = 1/2 \left[\log (a+c) + \log (a-c) \right]$.

CALCULS NUMÉRIQUES.

85. Nous allons résoudre effectivement quelques triangles rectangles afin d'apprendre au lecteur à calculer le plus simplement possible, et à disposer ses calculs de manière à en rendre la vérification facile pour lui-même ou pour d'autres.

Avant d'aborder les calculs d'ensemble, nous allons dire un mot de la manière de remplacer les soustractions de logarithmes par des additions :

84. 1° Le logarithme à soustraire est positif.

Ex. : *Calculer* $\log \sin B = \log b - \log a$, *étant donnés :* $\log b = 2,7390785$, $\log a = 2,8399931$.

On dispose ainsi le calcul :

$$\log b = 2,7390785$$
$$- \log a = \overline{3},1600069 \qquad \log a = 2,8399931$$
$$\overline{\qquad\qquad\qquad}$$
$$\log \sin B = \overline{1},8990854 \qquad \text{(on additionne)}$$

Les deux parties décimales sont positives; 2 et $\overline{3}$ font $\overline{1}$.

Pour avoir — $\log a$, on ajoute 1 à la caractéristique donnée 2, et on lui donne le signe —, ce qui donne $\overline{3}$; on écrit à la suite de cette caractéristique négative une suite de décimales obtenues en retranchant de gauche à droite chaque décimale de $\log a$ de 9, et seulement la dernière significative à droite de 10. La nouvelle partie décimale ainsi obtenue est positive et doit être additionnée comme telle avec celle qui est au-dessus.

On agit ainsi pour chaque logarithme positif à soustraire.

DÉMONSTRATION. $\log b - \log a = 2,7390785 - 2 - 0,8399931 =$
$$2,7390785 - 2 - 1 + (1 - 0,8399931).$$

On retranche 1 et on ajoute 1.

— 2 et — 1 font — 3 qu'on écrit ainsi $\overline{3}$; le reste $1 - 0,8399931$ s'obtient en retranchant le dernier chiffre à droite, 1, de 10 et chacun des autres de 9 (posez et effectuez la soustraction); ce qui donne pour reste 0,1600069. Log $b - \log a$ est donc égal à $+ 2 - 3 + 0,7390785 + 0,1600069$; ce qui est bien la somme que nous avons effectuée.

85. 2° Le logarithme à soustraire a une caractéristique négative et une partie décimale positive.

Ex. : *Soit à calculer* $\log a = \log b - \log \sin B$, *étant donnés* $\log b = 2,7390785$, et $\log \sin B = \overline{2},9602815$.

On dispose ainsi le calcul :

Log $b = 2,7390785$	
— $\log \sin B = 1,0397185$	$\log \sin B = \overline{2},9602815$
$\overline{3,7787970}$	*(on additionne)*

Pour avoir — $\log \sin B$, on change le signe de la caractéristique qui devient positive $(+ 2)$, puis on en retranche 1 (ce qui donne 1 dans notre ex.). A la suite de la nouvelle caractéristique, on écrit une partie décimale qu'on obtient en retranchant de gauche à droite chaque décimale de $\log \sin B$ de 9 et seulement la dernière significative à droite de 10. La nouvelle partie décimale obtenue est positive et s'additionne comme telle avec celle qui est au-dessus.

On opère ainsi pour chaque logarithme négatif à soustraire.

DÉMONSTRATION. Log b — log sin B $= 2,7390785 — (—2) —$ $0,9602815 = 2,7390785 + 2 — 1 + (1 — 0,9602815).$

Cette égalité démontre notre règle.

Le plus souvent la caractéristique négative est $\overline{1}$; de sorte qu'on obtient $+ 1 — 1$ ou 0 pour nouvelle caractéristique.

C'est ainsi qu'on emploie maintenant les compléments arithmétiques. On prend le complément à 1 au lieu de le prendre à 10.

Nous passons maintenant aux calculs d'ensemble. Nous donnerons à la suite de chacun les nouvelles explications qui nous paraîtront utiles.

EXERCICES.

94. Log sin $x =$ log $a —$ log b; $a = 3975,82$; $b = 5528,87$. Trouver l'angle x (jusqu'aux dixièmes de secondes).

95. Log $a =$ log $b —$ log cos C; $b = 597, 837$ et C $= 61° 19' 27'',3$. Trouver a.

96. $1 —$ cos $x = \dfrac{2 \sin a}{\cos b}$; $a = 47° 19' 43''$; $b = 17° 32' 53'',7$. Trouver x.

RÉSOLUTION D'UN TRIANGLE RECTANGLE.

86. On donne a et B; il faut trouver C, b et c.

Données.	Résultats.
$a = 543,27$	C $= 36° 12' 22$
B $= 53° 47' 38''$	$b = 438,863$
	$c = 320,90$

CALCUL DE C $= 90° —$ B.

$$90° = 89° 59' 60''$$
$$B = 53° 47' 38''$$
$$\overline{C = 36° 12' 22''.}$$

CALCUL DE b.

$$b = a \sin B; \quad \log b = \log a + \log \sin B.$$

log $a = 2,7350157$
log sin B $= \overline{1},9068182$
$\overline{\text{log } b = 2,6418339}$
$b = 438,863$

Calculs auxiliaires.

. . . . 8059

123,2

15,1

8

309

30

CALCUL DE c.

$$c = a \cos B; \quad \log c = \log a + \log \cos B.$$

$\log a = 2,7350157$

$\log \cos B = \overline{1},7713609$ 3551

$\log c = 2,5063766$

$\overline{697}$

$c = 320,905$ $\overline{69}$

28,8

57,6 $\dfrac{2}{}$

OBSERVATIONS *sur la disposition des calculs.*

On écrit les données d'une manière distincte en tête de son calcul, parce qu'on a besoin d'y jeter les yeux continuellement en opérant. On écrit les résultats à droite, afin que le professeur ou l'examinateur les trouve sans peine.

On distingue bien nettement le calcul de chaque élément demandé, en tête duquel on met la formule qu'on va appliquer, préparée au besoin pour le calcul par logarithmes.

CALCUL DE b. Le nombre donné a n'ayant que 6 chiffres, son logarithme pris dans la table s'écrit à la place marquée sans calcul auxiliaire.

Pour trouver $\log \sin B$, on a les yeux sur la valeur de l'angle (53°47'38''); on compose par parties et successivement cette ligne :

$$\log \sin B = \overline{1},9068182 \dots \quad 8059 \qquad \begin{array}{c} 15,4 \\ 8 \end{array}$$

$123,2$

comme il a été expliqué n° 57, B tenant la place de 53°47'38''.

Ayant trouvé $\log b$, on cherche ce nombre dans la table en faisant le calcul sur place comme il est expliqué en algèbre ou en arithmétique.

CALCUL DE c. Nous avons suivi la même marche. Nous avons cherché log cos 53° 47'40'' d'après la remarque du n° 59, retranché 38'' de 40'', et multiplié le dixième de la différence tabulaire par 2, etc., toujours d'après la remarque citée.

QUATRIÈME CAS DES TRIANGLES RECTANGLES.

87. On donne b et c. Il faut trouver B, C, a.

Données.	*Résultats.*
$b = 548,376$	B $= 52° 26' 4'',3$
$c = 421,78$	C $= 37° 33' 55'',7$
	$a = 691,82$

Calcul de l'angle B.

$$b = c\, \text{tang}\, B;\ \text{d'où}\ \text{tang}\, B = \frac{b}{c};\ \log \text{tang}\, B = \log b - \log c.$$

Calculs auxiliaires.

$\log b = 2{,}7390785$

$-\log c = \overline{3}{,}3749140$

$\log \text{tang}\, B = 0{,}1139925$

$\phantom{\log \text{tang}\, B = 0{,}1139}736$

$B = 52° 26' 4'',3$

. . . .　　0737

. . . .　　48

$\log c = 2{,}6250860$

. . . .　1890 | 435

. . . .　1500 | 4,3

Calcul de C.

$$89° 59' 60''$$
$$52° 26'\ 4'',3$$
$$\overline{}$$
$$C = 37° 33' 55'',7$$

Calcul de a.

$$b = a \sin B;\ a = \frac{b}{\sin B};\ \log a = \log b - \log \sin B.$$

$\log b = 2{,}7390785$

$-\log \sin B = 0{,}1009146$

$\log a = 2{,}8399931$

$a = 691{,}82$

$\log \sin B = \overline{1}{,}8990854$

0784　　16,2

4,86　　4,3

64,8

Observations *sur les calculs.*

b ayant six chiffres, son log s'écrit en deux fois ; on cherche d'abord log 548,37, et on écrit

$$\log b = 2{,}739\ldots\ldots \qquad\qquad 0737.$$

On trouve dans la table des différences que pour 6, il faut ajouter 48 ; on écrit 48 sous 0737 comme nous l'avons fait, puis on additionne en écrivant tout de suite la somme de gauche à droite à côté de 2,739 à la place des points.

Nous avons écrit log c à part aux calculs auxiliaires, puis nous en avons déduit $-\log c$.

Nous avons cherché l'angle B, connaissant log tang B, comme il a été expliqué n° 61. Nous avons écrit sous le log donné les chiffres différents du log de la table. Puis nous avons soustrait, en écrivant le reste à droite, aux calculs auxiliaires; il reste 189 qui, suivi d'un zéro, a été divisé par la différence tabulaire, etc. V. n° 61.

CALCUL DE a. Après avoir transcrit $\log b$ déjà connu, nous avons calculé $\log \sin B$ (aux calculs auxiliaires) comme il été expliqué au 1ᵉʳ cas et n° 57; puis nous en avons déduit — $\log \sin B$ comme il a été expliqué n° 85.

Log a se trouve exactement dans la table.

EXERCICES.

Triangles rectangles à résoudre.

97. $a = 38973,7$; $B = 42° 37' 58'',9$.

98. $a = 4872,57$; $b = 3765,89$.

99. $b = 27832,65$; $B = 50° 28' 0'',9$.

100. $b = 1895,68$; $c = 2384,48$.

101. $a = 5849$; $\dfrac{b}{c} = \dfrac{8}{5}$.

102. $a = 596,842$; $B - C = 14° 19' 38'',2$.

103. $b = 2376,49$; $\dfrac{a}{c} = 1,548$.

104. $b = 584,37$; $a - c = 248,59$.

105. $b + c - a = 928,37$; $b = 1284,58$.

106. $B = 51° 19' 43'',4$; $b + c = 8941,58$.

107. $a = 9596,24$; $b + c = 11978$.

108. $B = 41° 19' 43''$; $a + c = 5196,38$.

109. $C = 61° 19' 48''$; $a - c = 596,28$.

110. $B = 40° 19' 43'',2$; $a + b + c = 5960$.

111. Résoudre un triangle rectangle connaissant
    — le rayon du cercle inscrit et le rayon du cercle circonscrit.

112.   — le rayon du cercle inscrit et un des angles.

113.   — le rayon du cercle inscrit et le rapport de b à c.

114.   — a et le produit $b \times c$.

Applications.

115. Trouver l'aire du pentédécagone régulier inscrit dans un cercle dont le rayon est 548ᵐ,764.

116. Établir la formule générale qui donne l'aire d'un polygone régulier de n côtés inscrit dans le cercle dont le rayon est R.

117. Calculer l'aire du dodécagone régulier circonscrit au cercle dont le rayon est 328ᵐ,976.

118. Établir la formule générale qui donne l'aire d'un polygone régulier de n côtés circonscrit au cercle dont le rayon est R.

119. L'aire d'un décagone régulier étant 428ᵐ·ᑫ,56, trouver le rayon du cercle inscrit et le rayon du cercle circonscrit.

(d'autres exercices à la fin du cours).

OBSERVATION GÉNÉRALE. Chaque devoir se composera du tableau complet de la résolution proposée disposé comme les nôtres avec ordre et simplicité.

RÉSOLUTION DES TRIANGLES QUELCONQUES.

88. 1ᵉʳ CAS. *Connaissant un côté et deux angles d'un triangle, calculer les autres éléments et la surface du triangle.*

Ex. : On donne a, B, C; il faut trouver A, b et c.

$$A + B + C = 180°; \quad \text{donc} \quad A = 180° - (B + C).$$

A étant connu, cherchons b et c.

On sait que $\quad \dfrac{b}{a} = \dfrac{\sin B}{\sin A}; \quad$ donc $b = \dfrac{a \sin B}{\sin A}$.

De même $\quad \dfrac{c}{a} = \dfrac{\sin C}{\sin A}; \quad$ donc $c = \dfrac{a \sin C}{\sin A}$.

Ces formules sont calculables par logarithmes

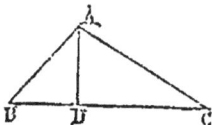

$$\log b = \log a + \log \sin B - \log \sin A$$
$$\log c = \log a + \log \sin C - \log \sin A.$$

89. *Calcul de la surface.* $\text{Surf } ABC = \dfrac{1}{2} BC \times AD = \dfrac{1}{2} a \times AD.$

Or $\quad AD = b \sin C; \quad$ donc $\quad \text{surf } ABC = \dfrac{1}{2} ab \sin C.$

Cette formule peut servir à calculer la surface quand on aura calculé b. Pour trouver la surface directement, c'est-à-dire sans avoir calculé b, on emploie une autre formule.

Nous savons que $b = \dfrac{a \sin B}{\sin A} = \dfrac{a \sin B}{\sin(B + C)}$. En substituant cette valeur de b dans la valeur ci-dessus de surf ABC,

on a $\quad\quad\quad \text{surf } ABC = \dfrac{1}{2} \dfrac{a^2 \sin B \sin C}{\sin (B + C)},$

ou $\quad\quad\quad 2 \text{ surf } ABC = \dfrac{a^2 \sin B \sin C}{\sin (B + C)}.$

formule calculable par log qui donne 2 surf ABC.

Ayant trouvé 2 surf ABC, on divise par 2. C'est plus simple que de chercher et d'employer log 2.

90. 2ᵉ CAS. *Connaissant deux côtés d'un triangle et l'angle compris, calculer les autres éléments et la surface du triangle.*

Ex. : On donne a, b et C; il faut trouver A, B, c, et surf ABC. a désigne le plus grand des côtés donnés; $a > b$.

On sait que $A + B + C = 180°$; donc $A + B = 180° - C$. Connaissant $A + B$, on calcule $\frac{1}{2}(A+B)$; puis on obtient $\frac{1}{2}(A-B)$ au moyen de la formule que nous avons établie n° 80.

$$\frac{a-b}{a+b} = \frac{\tan \frac{1}{2}(A-B)}{\tan \frac{1}{2}(A+B)},$$

qui donne :

$$\tan \frac{1}{2}(A-B) = \frac{(a-b)\tan\frac{1}{2}(A+B)}{a+b}. \qquad (a)$$

Cette valeur est calculable par logarithmes.

Connaissant $\frac{1}{2}(A+B)$ et $\frac{1}{2}(A-B)$, on obtiendra A et B par l'addition et la soustraction de ces deux valeurs.

$$\frac{1}{2}(A+B) + \frac{1}{2}(A-B) = A,$$

$$\frac{1}{2}(A+B) - \frac{1}{2}(A-B) = B.$$

Connaissant A et B, on calcule c.

$$\frac{c}{a} = \frac{\sin C}{\sin A}, \quad c = \frac{a \sin C}{\sin A},$$

$$\log c = \log a + \log \sin C - \log \sin A.$$

REMARQUE. Pour obtenir c comme il vient d'être indiqué, après avoir calculé $\frac{1}{2}(A+B)$ et $\frac{1}{2}(A-B)$, il faut chercher trois nouveaux logarithmes. On peut remplacer cette valeur de c par une autre qui ne donne à chercher que deux nouveaux logarithmes.

De $\dfrac{a}{\sin A} = \dfrac{b}{\sin B} = \dfrac{c}{\sin C},$ on déduit $\dfrac{c}{\sin C} = \dfrac{(a+b).}{\sin A + \sin B},$

d'où
$$c = \frac{(a+b)\sin C}{\sin A + \sin B}.$$

Mais
$$\sin C = \sin(A + B) = 2 \sin \frac{(A+B)}{2} \cos \frac{(A+B)}{2} \qquad (\text{n}^\circ \ 31),$$

et
$$\sin A + \sin B = 2 \sin \frac{A+B}{2} \cos \frac{A-B}{2} \qquad (\text{Form. 25}).$$

En vertu de ces deux égalités $c = \dfrac{(a+b)\cos\frac{1}{2}(A+B)}{\cos\frac{1}{2}(A-B)} = \dfrac{(a+b)\sin\frac{C}{2}}{\cos\frac{1}{2}(A-B)}.$

91. CALCUL DE LA SURFACE. Abaissons une perpendiculaire AD sur le côté a : surf ABC $= \frac{1}{2} a \times$ AD. (Fig. du n° 88.)

Mais
$$AD = b \sin C ;$$

donc
$$\text{surf ABC} = \frac{1}{2} ab \sin C,$$

et
$$\log 2 \text{ surf ABC} = \log a + \log b + \log \sin C.$$

92. REMARQUE. Il peut arriver, dans le cas actuel, que a et b soient donnés par leurs logarithmes. Pour employer la formule (α) telle qu'elle est, il faudrait alors chercher a et b dans les tables, calculer $a - b$, $a + b$, puis chercher leurs logarithmes. On abrége en modifiant la formule (α) comme il suit :

On divise le numérateur et le dénominateur du second membre par a.

$$\tan g \frac{1}{2}(A - B) = \frac{1 - \dfrac{b}{a}}{1 + \dfrac{b}{a}} \ \text{tg} \ \frac{A+B}{2}.$$

On pose $\quad \tan g \ \varphi = \dfrac{b}{a}$; d'où $\log \tan g \ \varphi = \log b - \log a \qquad (\beta),$

et on cherche l'angle φ.

Cela fait, on remplace $\dfrac{b}{a}$ par $\tan g \ \varphi$ dans la formule précédente, ce qui donne :

$$\text{tg} \ \frac{A-B}{2} = \frac{1 - \tan g \ \varphi}{1 + \tan g \ \varphi} \ \text{tg} \ \frac{A+B}{2} = \frac{\tan g \ 45° - \tan g \ \varphi}{1 + \tan g \ 45° \ \tan g \ \varphi} \ \text{tg} \ \frac{A+B}{2},$$

ou
$$\tan \frac{1}{2}(A-B)=\tan(45°-\varphi)\, \mathrm{tg}\, \frac{A+B}{2} \qquad (\delta).$$

En employant les formules (β) et (δ), au lieu de la formule (α), on n'a que trois recherches à faire dans les tables au lieu de cinq.

93. 3ᵉ CAS. *Connaissant les trois côtés d'un triangle, calculer ses angles et sa surface.*

On donne a, b, c; il faut trouver A, B, C.

Nous avons trouvé, n° 79, la formule

$$a^2 = b^2 + c^2 - 2bc \cos A.$$

On en déduit
$$2bc \cos A = b^2 + c^2 - a^2,$$

puis
$$\cos A = \frac{b^2 + c^2 - a^2}{2bc}.$$

Tout est connu dans le 2ᵉ membre; mais cette valeur de $\cos A$ n'est pas calculable par logarithmes.

Si on ajoute $2bc$ au numérateur, il se change en $b^2 + c^2 + 2bc - a^2 = (b+c)^2 - a^2 = (b+c+a)(b+c-a)$, valeur calculable par logarithmes. Mais, ajouter $2bc$ au numérateur revient à ajouter 1 à la fraction : ajoutons donc 1 de part et d'autre.

$$1 + \cos A = 1 + \frac{b^2 + c^2 - a^2}{2bc} = \frac{2bc + b^2 + c^2 - a^2}{2bc}$$

ou
$$2 \cos^2 \frac{A}{2} = \frac{(b+c)^2 - a^2}{2bc} = \frac{(b+c+a)(b+c-a)}{2bc}$$

$$\left(\text{on a vu, n° 30, que} \quad 1 + \cos A = 2 \cos^2 \frac{A}{2}\right).$$

Pour plus de symétrie, posons $b + c + a = 2p$; on en déduit $b + c - a = 2p - 2a = 2(p - a)$. Ces valeurs étant substituées dans la dernière formule, on obtient

$$2 \cos^2 \frac{A}{2} = \frac{2p \times 2(p-a)}{2bc},$$

et, en réduisant,
$$\cos^2 \frac{A}{2} = \frac{p(p-a)}{bc},$$

d'où on déduit
$$\cos \frac{A}{2} = \sqrt{\frac{p(p-a)}{bc}}.$$

On trouverait de même

$$\cos \frac{B}{2} = \sqrt{\frac{p(p-b)}{ac}} \quad \text{et} \quad \cos \frac{C}{2} = \sqrt{\frac{p(p-c)}{ab}}.$$

Avec ces formules on peut trouver A, B, C... Mais on emploie préférablement les valeurs de tang $\frac{A}{2}$, tang $\frac{B}{2}$, tang $\frac{C}{2}$, qui, *con-sidérées dans leur ensemble*, renferment moins de nombres diffé-rents et par suite donnent moins de logarithmes à chercher.

Pour obtenir ces tangentes, comme nous avons déjà les cosinus, il nous suffira de calculer sin $\frac{A}{2}$, sin $\frac{B}{2}$, sin $\frac{C}{2}$.

On sait que $2 \sin^2 \frac{A}{2} = 1 - \cos A$ (n° 30),

$$2 \sin^2 \frac{A}{2} = 1 - \frac{b^2 + c^2 - a^2}{2bc} = \frac{2bc - b^2 - c^2 + a^2}{2bc} =$$

$$\frac{a^2 - (b-c)^2}{2bc} = \frac{(a+b-c)[(a+(b-c)]}{2bc} =$$

$$\frac{(a+b-c)(a-b+c)}{2bc}.$$

En posant $2p = a+b+c$, on trouve $a+b-c = 2(p-c)$; $a+c-b = 2(p-b)$. Donc

$$2 \sin^2 \frac{A}{2} = \frac{2(p-c)\,2(p-b)}{2bc}$$

d'où $\sin^2 \frac{A}{2} = \frac{(p-c)(p-b)}{bc}$; puis $\sin \frac{A}{2} = \sqrt{\frac{(p-b)(p-c)}{bc}}$,

$$\text{tang} \frac{A}{2} = \frac{\sin \frac{A}{2}}{\cos \frac{A}{2}} = \sqrt{\frac{(p-b)(p-c)}{p(p-a)}}. \qquad \text{(k)}$$

En appliquant les logarithmes à cette formule pour l'usage des tables trigonométriques, on obtient :

$$\log \text{tang} \frac{A}{2} = \frac{1}{2} \left[\log (p-b) + \log (p-c) - \log p - \log (p-a) \right].$$

De même

$$\log \tang \frac{B}{2} = \frac{1}{2} [\log (p-a) + \log (p-c) - \log p - \log (p-b)],$$

$$\log \tang \frac{C}{2} = \frac{1}{2} [\log (p-a) + \log (p-b) - \log p - \log (p-c)].$$

Nous n'avons mis que le signe + devant les radicaux, parce que chacun des angles devant être moindre que 180°, sa moitié est plus petite que 90°.

94. CALCUL DE LA SURFACE. Nous avons trouvé, n° 89, que

$$\text{surface ABC} = \frac{1}{2} ab \sin C.$$

Mais $$\sin C = 2 \sin \frac{C}{2} \cos \frac{C}{2} \qquad (\text{n° 31});$$

or, nous connaissons les valeurs de $\sin \frac{C}{2}$ et de $\cos \frac{C}{2}$, en fonction des trois côtés. Employons ces valeurs :

$$\sin C = 2 \sin \frac{C}{2} \cos \frac{C}{2} = 2 \sqrt{\frac{(p-a)(p-b)}{ab}} \times \sqrt{\frac{p(p-c)}{ab}} =$$

$$\frac{2\sqrt{p(p-a)(p-b)(p-c)}}{ab}.$$

Cette valeur de sin C étant mise dans celle de surf ABC, on trouve après simplification :

$$\text{surface ABC} = \sqrt{p(p-a)(p-b)(p-c)},$$

valeur calculable par logarithmes.

95. DISCUSSION. On peut demander les conditions que doivent remplir les données pour que le problème précédent soit possible.

Tang $\frac{A}{2}$ peut avoir une valeur positive quelconque; il suffit que le radical soit réel, c'est-à-dire que le quotient $\frac{(p-b)(p-c)}{p(p-a)}$ soit positif.

Pour qu'il le soit, il faut et il suffit que le dividende et le diviseur soient tous deux positifs ou tous deux négatifs. On doit donc avoir

ou bien
$$1° \quad (p-b)(p-c) > 0 \quad \text{et} \quad p-a > 0,$$
$$2° \quad (p-b)(p-c) < 0 \quad \text{et} \quad p-a < 0.$$

La 1re condition sera remplie si l'on a $p > b$, $p > c$ et $p > a$, ou bien si l'on a $p < b$, $p < c$ et $p > a$. Mais on ne peut pas avoir à la fois $p < b$ et $p < c$; car il en résulterait $2p < b + c$ ou $a + b + c < b + c$; ce qui est absurde. La 1ʳᵉ condition ne peut donc être remplie que si l'on a

$$p > b, \quad p > c \quad \text{et} \quad p > a.$$

Pour que la 2ᵉ condition soit remplie, il faut que l'un des facteurs $p - b$, $p - c$ soit négatif, par ex. : $p - b$, avec $p - a$ négatif. Or c'est impossible; car si l'on avait $p < b$ et $p < a$, on aurait

$$2p < a + b, \quad \text{ou} \quad a + b + c < a + b;$$

ce qui est absurde. La 2ᵉ condition ne peut donc jamais être remplie.

Il faut donc que la 1ʳᵉ condition soit toujours remplie; c'est-à-dire qu'on ait :

$$p > b, \quad p > c \quad \text{et} \quad p > a.$$

Mais $p > b$ revient à $2p > 2b$ ou $a + b + c > 2b$; d'où $a + c > b$. De même $p > c$ revient à $a + b > c$ et $p > a$ à $b + c > a$.

En discutant de la même manière les valeurs de $\operatorname{tang} \dfrac{B}{2}$ et de $\operatorname{tang} \dfrac{C}{2}$, on trouve les mêmes conditions qui se réduisent à une seule : *un côté quelconque doit être plus petit que la somme des deux autres;* ce qu'on savait déjà par la géométrie.

La formule qui donne la surface se discute de la même manière et conduit à la même condition. Pour que le produit sous le radical soit positif, il faut et il suffit que l'on ait

1° $\qquad\qquad p > b, \quad p > c, \quad p > a,$

ou bien 2°, deux facteurs négatifs et un positif. Or nous avons vu que cette 2ᵉ condition ne peut jamais être remplie.

RÉSOLUTION D'UN TRIANGLE QUELCONQUE.

96. 1ᵉʳ CAS. *On donne un côté* a *et deux angles* B *et* C.

Il faut trouver A, b, c et la surface.

Données.	Résultats.
$a = 713,24$	$A = 63° 33' 53''$
$B = 92° 7' 3''$	$b = 794,867$
$C = 24° 19' 4''$	$c = 327,547$
	surf ABC $= 116566,5$

CALCUL DE A $= 180° - (B + C)$

$$180° = 179° 59' 60''$$
$$B + C = \underline{116\quad 26\quad 7}$$
$$A = 63° 33' 53''$$

Calcul de b.

$$b = \frac{a \sin B}{\sin A}; \quad \log b = \log a + \log \sin B - \log \sin A.$$

$$\log a = 2{,}8526264$$
$$\log \sin B = \overline{1}{,}9997034$$
$$-\log \sin A = 0{,}0479646$$
$$\log b = 2{,}9002944$$
$$906$$
$$38$$
$$b = 794{,}867$$

Calculs auxiliaires.

$180° - B = 87° 52' 57''$ $\begin{array}{cc} & 0{,}8 \\ 7028 & \\ & 7 \\ 5{,}6 & \end{array}$

$\log \sin A = \overline{1}{,}9520354$ $\begin{array}{cc} 0323 & 10{,}5 \\ 31{,}5 & 3 \end{array}$

Calcul de c.

$$c = \frac{a \sin C}{\sin A}, \quad \log c = \log a + \log \sin C - \log \sin A.$$

$$\log a = 2{,}8526264$$
$$\log \sin C = \overline{1}{,}6146833$$
$$-\log \sin A = 0{,}0479646$$
$$\log c = 2{,}5152743$$
$$643$$
$$c = 327{,}547 \qquad 100$$

Calculs auxiliaires.

$\cdots\cdots$ $\begin{array}{cc} & 46{,}6 \\ 6647 & \\ & 4 \\ 186{,}4 & \end{array}$

Calcul de la surface.

$$2S = \frac{a^2 \sin B \sin C}{\sin A}.$$

$$\log 2S = 2 \log a + \log \sin B + \log \sin C - \log \sin A.$$

$$2 \log a = 5{,}7052528$$
$$\log \sin B = \overline{1}{,}9997034$$
$$\log \sin C = \overline{1}{,}6146833$$
$$-\log \sin A = 0{,}0479646$$
$$5{,}3676041$$
$$5982$$
$$2S = 233133 \qquad 59$$
$$S = 116566{,}5$$

Il n'y a rien dans ces calculs qui n'ait été expliqué précédemment.

RÉSOLUTION D'UN TRIANGLE QUELCONQUE.

97. **2ᵉ CAS.** *On donne deux côtés* a *et* b *et l'angle compris* C. Il faut trouver **A**, **B** et *c*.

Données.

$$a = 130,42$$
$$b = 95,35$$
$$C = 100° 5' 18''$$

Résultats.

$$A = 47° 22' 13''8$$
$$B = 32° 32' 28''2$$
$$C = 174,521$$
$$S = 6121,64$$

CALCUL DE A et de B.

FORMULES : $A + B = 180° - C$; $\tan\dfrac{(A-B)}{2} = \dfrac{(a-b)\tan 1/2\,(A+B)}{a+b}$

$$\log \mathrm{tg}\ \frac{1}{2}\,(A-B) = \log(a-b) + \log \mathrm{tg}\ \frac{1}{2}\,(A+B) - \log(a+b).$$

Calculs auxiliaires.

$$1/2\,(A+B) = 90 - 1/2\ C$$
$$90° = 89° 59' 60''$$
$$1/2\ C = 50°\ 2' 39''$$
$$1/2\,(A+B) = 39° 57' 21''$$

$$a - b = 35,07$$
$$a + b = 225,77$$

$$\log (a - b) = 1,5449358$$
$$\log \tan 1/2\,(A+B) = \overline{1},9231336$$
$$-\log (a + b) = \overline{3},6463338$$

$$\log \tan \frac{A-B}{2} = \overline{1},1144032$$

$$\frac{3568}{464}$$

$$\frac{A-B}{2} = 7° 24' 52'',8$$

$$1/2\,(A+B) = 39° 57' 21''$$
$$1/2\,(A-B) = \ \ 7° 24' 52'',8$$

$$A = 47° 22' 13'',8$$
$$B = 32° 32' 28'',2$$

. . . . 1293 42,8
                              42,8 1

$$\log (a+b) = 2,3536662$$

. . . . 4640 | 1636
                        13680 | 2,8

C

CALCUL DE c.

$$c = \frac{b \sin C}{\sin B}; \quad \log c = \log a + \log \sin C - \log \sin B.$$

Calculs auxiliaires.

$$\sin C = \sin 180 - C$$
$$180 - C = 79° 54' 42''$$

$$\log a = 1,9793207$$
$$\log \sin C = \overline{1},9932329$$
$$- \log \sin B = 0,2692940$$

$$\log c = 2,2418476$$
$$452$$
$$\overline{\quad 24 \quad}$$
$$= 174,521$$

. . . . 2321   3,8

7,6   2

33,0

6789   8,2

$\log \sin B = \overline{1},7307060$ 6,6

261

CALCUL DE LA SURFACE.

FORMULE. $2S = ab \sin C; \quad \log 2S = \log a + \log b + \log \sin C.$

$$\log a = 2,1153442$$
$$\log b = 1,9793207$$
$$\log \sin C = \overline{1},9932329$$
$$\overline{\quad 4,0878978 \quad}$$
$$87$$
$$\overline{\quad 100 \quad}$$

$$2S = 12243,28 \qquad 71$$
$$S = 6121,64 \qquad 39$$

Pour vérifier, nous allons calculer c de la manière indiquée dans la remarque de la page 56.

$$c = \frac{(a+b) \sin \dfrac{C}{2}}{\cos \dfrac{1}{2}(A - B)}.$$

$$\log (a+b) = 2,3536662$$
$$\log \sin \frac{C}{2} = \overline{1},8845346$$
$$- \log \cos \frac{A-B}{2} = 0,0036468$$
$$\overline{\qquad\qquad}$$
$$\log c = 2,2418476$$

. . . . 5188   17,6

158,4   9

2,7

$\log \cos \frac{A-B}{2} = \overline{1},9963532$ 3513   7,2

0,54

18,9

On obtient la même valeur de $\log c$ déjà trouvée ; la vérification est donc complète.

Il n'y a rien dans ces calculs qui n'ait été expliqué précédemment.

●˙˙

RÉSOLUTION D'UN TRIANGLE QUELCONQUE.

98. 3ᵉ cas. *On donne les trois côtés a, b, c.*
Il faut trouver les angles A, B, C.

Données.

$a =$ 589,727
$b =$ 483,148
$c =$ 356,249

$2p =$ 1429,124

Résultats.

$A =$ 87° 54′ 28″
$B =$ 54° 57′ 27″,6
$C =$ 37° 8′ 4″,4

$A + B + C = 180°$ 0′ 0″,0 (vérification)
$S = 86003,1$

FORMULES.

$$1° \ \tan \frac{1}{2} A = \sqrt{\frac{(p-b)(p-c)}{p(p-a)}} \ ; \quad 2° \ \tan \frac{1}{2} B = \sqrt{\frac{(p-a)(p-c)}{p(p-b)}} \ ;$$

$$3° \ \tan \frac{1}{2} C = \sqrt{\frac{(p-a)(p-b)}{p(p-c)}} \ ; \quad 4° \ S = \sqrt{p(p-a)(p-b)(p-c)}.$$

$$\log \tan \frac{1}{2} A = \frac{1}{2} \left[\log(p-b) + \log(p-c) - \log p - \log(p-a) \right]$$

$$\log \tan \frac{1}{2} B = \frac{1}{2} \left[\log(p-a) + \log(p-c) - \log p - \log(p-b) \right]$$

$$\log \tan \frac{1}{2} C = \frac{1}{2} \left[\log(p-a) + \log(p-b) - \log p - \log(p-c) \right]$$

$$\log S = \frac{1}{2} \left[\log p + \log(p-a) + \log(p-b) + \log(p-c) \right].$$

CALCULS PRÉPARATOIRES.

$2p = 1429,124$ $p - a = 231,414$
$p = \ \ 714,562$ $p - b = 358,313$
                     $p - c = 124,835 \ (^*).$

(*) Ayant trouvé $p - a$, $p - b$, $p - c$, on fera bien d'additionner mentalement ces trois valeurs ; on doit ainsi retrouver chiffre pour chiffre la valeur de p. En effet, $p - a + p - b + p - c = 3p - (a + b + c) = 3p - 2p = p$. On vérifie par cette addition bien simple tous les calculs déjà faits.

$$\log p = 2,8540399 \qquad \quad \overset{\cdot}{\cdots} \; \begin{matrix} 0387 \\ 12 \end{matrix}$$

$$\log (p-a) = 2,0963365 \qquad \cdots \; \begin{matrix} 3190 \\ 175 \end{matrix}$$

$$\log (p-b) = 2,3643896 \qquad \cdots \; \begin{matrix} 3821 \\ 75 \end{matrix}$$

$$\log p - c = 2,5542625 \qquad \cdots \; \begin{matrix} 2589 \\ 36 \end{matrix}$$

CALCUL DE L'ANGLE A.

$$\log (p-b) = \overset{\cdot}{2},3643896$$
$$\log (p-c) = 2,5542625$$
$$-\log p = \overline{3},1459601$$
$$-\log (p-a) = \overline{3},9036635$$
$$\overline{1,9682757}$$
$$\log \tan \tfrac{1}{2} A = \overline{1},9841378$$

$$\begin{array}{c|c} 1208 & 422 \\ \hline 1700 & 4,0 \\ 120 & \end{array}$$

$$1/2\ A = 43^\circ\ 57'\ 14''$$
$$A = 87^\circ\ 54'\ 28''$$

CALCUL DE L'ANGLE B.

$$\log (p-a) = 2,0963365$$
$$\log (p-c) = 2,5542625$$
$$-\log p = \overline{3},1459601$$
$$-\log (p-b) = \overline{3},6356104$$
$$\overline{1,4321695}$$
$$\log \tan \tfrac{1}{2} B = \overline{1},7160848$$

$$\begin{array}{c|c} 0653 & \\ \hline 1950 & 514 \\ 4080 & 3,8 \end{array}$$

$$1/2\ B = 27^\circ\ 28'\ 43'',8$$
$$B = 54^\circ\ 57'\ 27'',6$$

CALCUL DE L'ANGLE C.

$$\log (p-a) = 2,0963365$$
$$\log (p-b) = 2,3643896$$
$$-\log p = \overline{3},1459601$$
$$-\log (p-c) = \overline{3},4457375$$
$$\overline{1,0524237}$$
$$\log \tan \tfrac{1}{2} C = \overline{1},5262118$$

$$\begin{array}{c|c} 1966 & \\ \hline 1520 & 678 \\ 1240 & 2,2 \end{array}$$

$$1/2\ C = 18^\circ\ 34'\ 2'',2$$
$$C = 37^\circ\ 8'\ 4'',4$$

CALCUL DE S.

$$\log p = 2,8540399$$
$$\log (p-a) = 2,0963365$$
$$\log (p-b) = 2,3643896$$
$$\log (p-c) = 2,5542625$$
$$\overline{9,8690285}$$
$$\log S = 4,9345143$$
$$136$$
$$\overline{7}$$

$$S = 86003,1$$

EXERCICES.

Triangles à résoudre.

120. Données : $a = 5897,27$; $b = 4831,48$; $c = 3562,49$;

121.   *id.* $a = 3759,5847$; $b = 2946,268$; $C = 44° 58' 43''.3$;

122.   *id.* $a = 238,6244$; $B = 54° 38' 32'',6$; $C = 63° 5' 4'',4$;

123.   *id.* $\log a = 4,8763786$; $\log b = 4,7259742$; $C = 58° 45' 26'',8$.

On calculera la surface de chacun de ces triangles.

124. Données : $S = 3846^{mq},58$; $A = 58° 29' 47''$; $B = 68° 19' 41'',6$;

125.   *id.* $a + b + c = 5948^{m},8$; $A = 61° 49' 47''$; $B = 60° 18' 34''$;

126.   *id.* $a = 8347$; $b + c = 12860$; $A = 79° 18' 42''$;

127.   *id.* $a = 31864$; $b - c = 12854$; $A = 69°41'37''$;

128. Résoudre un triangle, connaissant

    — une hauteur et les angles ;

129.   — deux hauteurs et un angle ;

130.   — une hauteur et deux côtés ;

131.   — une hauteur, l'angle opposé à la base et à sa bissectrice ;

132.   — B, a et $b + c$;

133.   — B, a et $b - c$;

134.   — le rayon R du cercle circonscrit et les angles ;

135.   — le rayon r du cercle inscrit et les angles (*) ;

136.   — le rayon R, un angle et le périmètre ;

137.   — le rayon R, a et B ;

138.   — le rayon r, a et $b + c$;

139.   — le rayon r, A et le périmètre ;

140.   — le rayon r, a et $b - c$;

141.   — la surface S, le périmètre $2p$ et A.

142. Étant donnés les trois côtés d'un triangle, calculer le rayon du cercle inscrit, et les rayons des cercles ex-inscrits.

143. Résoudre un trapèze connaissant ses quatre côtés.

144. Étant donné les quatre côtés d'un quadrilatère inscriptible, déterminer ses angles, sa surface, ses diagonales et leur produit. Rendre les formules calculables par logarithmes.

(*) Pour résoudre aisément ce problème et la plupart de ceux dans lesquels il est question du rayon r du cercle inscrit ou des rayons des cercles ex-inscrits, il faut connaître les valeurs des distances des sommets du triangle aux points de contact de ces cercles qui sont $p - a$, $p - b$, $p - c$ et p, suivant le cas. (V. la *Géométrie*.)

APPLICATIONS DE LA TRIGONOMÉTRIE

AU LEVÉ DES PLANS ET A DIVERSES QUESTIOMS USUELLES.

99. On apprend dans le levé des plans à tracer et à mesurer une droite sur le terrain, puis à mesurer les angles avec le graphomètre. Nous supposerons que le lecteur sait effectuer ces opérations; au besoin, il trouvera ces premières notions du levé des plans reproduites à la fin de ce volume.

100. PROBLÈME. *Déterminer la distance où on se trouve d'un point inaccessible.*

On trace et on mesure sur le terrain une base AB des extrémités de laquelle on puisse apercevoir le point C; puis on mesure avec le graphomètre les angles ABC, BAC. Cela fait, on connaît, dans le triangle ABC, le côté AB ou *c*, et deux angles A et B; il est facile de calculer le côté AC ou *b*, qui est la distance cherchée

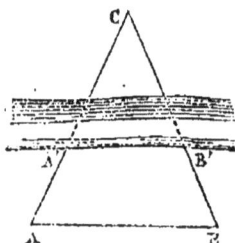

$$\frac{b}{c} = \frac{\sin B}{\sin C}; \quad b = \frac{C \sin B}{\sin C}.$$

101. PROBLÈME. *Déterminer la distance de deux points inaccessibles C, D.*

On trace et on mesure sur le terrain une base AB, entre deux points A et B, d'où l'on aperçoit C et D. On mesure ensuite avec le graphomètre les angles ABC, BAC, ABD, BAD, CBD, On calcule le côté BC du triangle ABC dont on connaît un côté et deux angles. On calcule de même le côté BD du triangle ABD. Connaissant CB, BD et l'angle CBD du triangle CDB, on calcule CD qui est la distance cherchée (*).

(*) REMARQUE. Sachant trouver la distance de deux points inaccessibles, on

Ce calcul de la distance CD par des résolutions successives de triangles est ce qu'on appelle une *triangulation*. Nous donnons plus loin le type complet de ce calcul effectué sur des nombres donnés.

Prolonger une Droite

102. PROBLÈME. *Prolongement direct au delà d'un obstacle qui arrête la vue.*

On établit une station en un point D, d'où l'on aperçoit la droite AB, l'obstacle et le terrain sur lequel on doit prolonger la ligne AB. On jalonne les droites AD, BD; on mesure ces deux lignes et la droite AB. On jalonne une direction arbitraire DC qui passe au delà de l'obstacle; nous appelons C le point inconnu où cette direction rencontre le prolongement de AB. On mesure l'angle ABD et l'angle BDC. On calcule le côté DC et l'angle DCE du triangle BDC dont on connaît le côté BD et deux angles. Cela fait, on mesure, à partir de D dans la direction jalonnée DC, une longueur égale à la valeur trouvée DC. Au bout se trouve le point C. Connaissant la direction CE par l'angle DCE, on jalonne cette direction.

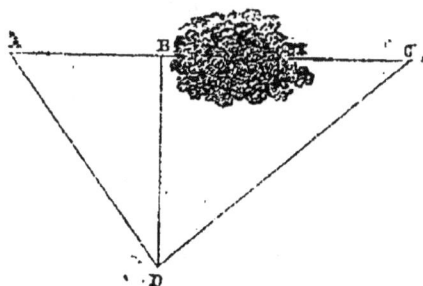

---

peut étudier à volonté toute figure déterminée par des points inaccessibles, mais visibles. En effet, on peut calculer les côtés et les angles de cette figure. Par ex., A, B, C étant des points inaccessibles, on peut calculer l'angle ABC des droites AB et BC; car cet angle appartient à un triangle ABC dont on peut calculer les trois côtés.

On demande si quatre points A, B, C, D *sont sur le même plan* (fig. du n° 101).

On détermine les angles ACB, BCD et ACD. Si l'angle ACD = ACB + BCD, les quatre points sont dans le même plan. Dans le cas contraire, il n'y sont pas.

Il est évident qu'il faut tenir compte des erreurs dues à la mesure des longueurs et des angles sur le terrain ou à l'emploi des logarithmes; si l'égalité en question existe à très-peu près, on la regarde comme existante, et on conclut en conséquence.

Les quatre points A, B, C, D *sont-ils sur une même circonférence?*

On détermine les angles opposés ACD, ABD, et on vérifie s'ils sont ou ne son pas supplémentaires.

105. Problème. *Trois points,* A, B, C, *étant donnés sur un terrain uni, déterminer sur une carte le point* M *d'où les distances* AC, CB, *ont été vues sous des angles que l'on a mesurés.*

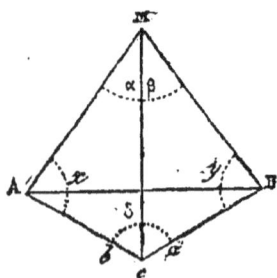

La connaissance des angles CAM, CBM, détermine le point M. En construisant ces angles sur la carte au point A de AC et au point B de CB, on trouverait le point M à la rencontre des deux nouveaux côtés. Soit CAM $= x$, CBM $= y$.

Pour déterminer x et y, on mesure les distances AC $= b$, CB $= a$ et l'angle ACB. On connaît d'ailleurs les angles AMC $= \alpha$ et CMB $= \beta$. Cela posé, puisque le terrain est uni, les quatre points A, B, C, M, étant dans le même plan, la somme des angles du quadrilatère ACBM est égale à quatre angles droits.

$$(\alpha + \beta) + x + \text{ACB} + y = 360°,$$
$$x + y = 360° - (\alpha + \beta + \text{ACB}).$$

Connaissant $x + y$ et par suite $\frac{1}{2}(x + y)$, on calcule $\frac{1}{2}(x - y)$ de même que dans le 2e cas, n° 90.

Le triangle ACM donne

$$\frac{\text{CM}}{\text{AC}} = \frac{\sin x}{\sin \alpha}, \quad \text{d'où} \quad \text{CM} = \frac{\text{AC} \sin x}{\sin \alpha} = \frac{b \sin x}{\sin \alpha}.$$

Le triangle BCM donne également

$$\frac{\text{CM}}{\text{BC}} = \frac{\sin y}{\sin \beta}, \quad \text{d'où} \quad \text{CM} = \frac{\text{BC} \sin y}{\sin \beta} = \frac{a \sin y}{\sin \beta}.$$

Ces deux valeurs de CM sont égales :

$$\frac{b \sin x}{\sin \alpha} = \frac{a \sin y}{\sin \beta}, \quad \text{d'où} \quad \frac{\sin x}{\sin y} = \frac{a \sin \alpha}{b \sin \beta}.$$

On peut calculer une ligne $b' = \dfrac{a \sin \alpha}{\sin \beta}$. Cette ligne b' trouvée, on a

$$\frac{\sin x}{\sin y} = \frac{b'}{b},$$

d'où l'on déduit, comme au n° 80,

$$\frac{\sin x - \sin y}{\sin x + \sin y} = \frac{b' - b}{b' + b}, \quad \text{ou} \quad \frac{\tang \frac{1}{2}(x - y)}{\tang \frac{1}{2}(x + y)} = \frac{b' - b}{b' + b}. \quad (m)$$

De cette dernière égalité on déduit la valeur de $\tang \frac{1}{2}(x - y)$, puis celle de $\frac{1}{2}(x - y)$. Connaissant $\frac{1}{2}(x - y)$ et $\frac{1}{2}(x + y)$, on obtient x et y par l'addition et la soustraction de ces deux valeurs.

104. Discussion. On suppose, dans ce qui précède, le point M situé dans l'angle ACB, d'où il résulte que le quadrilatère ACBM peut être construit comme il est indiqué ; toutes les égalités précédentes sont donc vraies dans ce cas, et chacun des angles x et y est moindre que 180°.

Il peut arriver que $\frac{1}{2}(x + y)$ surpasse 90° ; alors $\frac{1}{2}(x - y)$ est moindre que 90° (à cause de $x < 180°$). $\tang \frac{1}{2}(x + y)$ est négative et $\tang \frac{1}{2}(x - y)$ positive ; pour que l'égalité (m) subsiste dans ce cas, il faut que b' soit moindre que b. On écrit alors cette égalité (m) de cette manière :

$$\frac{\tang \frac{1}{2}(x - y)}{\tang \left[180° - \frac{1}{2}(x + y) \right]} = \frac{b - b'}{b + b'}.$$

Si le point M n'était pas dans l'angle BCA, il faudrait qu'on connût cette circonstance. Si le point M était dans l'angle opposé à BCA, on remplacerait BCA par 180° — BCA, dans ce qui précède. Si M était dans l'un des angles CAB, ou CBA, il faudrait mesurer cet angle qui remplacerait BCA. Même observation pour le cas où le point M serait dans l'angle opposé à CAB ou à CBA.

Si l'on avait à la fois $\frac{1}{2}(x + y) = 90°$ et $b' = b$, l'équation (m) se changerait en $0 = 0$, c'est-à-dire ne ferait rien connaître. Dans ce cas, le problème est indéterminé ; il y a une infinité de points satisfaisant à la condition imposée au point M. En effet, $x + y = 180°$ indique que le quadrilatère ABCM est inscriptible ; cela étant, il faut, pour que le problème soit possible, que l'angle AMC = ABC, et que BMC = BAC : ce qui s'accorde parfaitement avec $b' = b$, c'est-à-dire $\frac{a \sin \alpha}{\sin \beta} = b$, ou $\frac{a}{b} = \frac{\sin \beta}{\sin \alpha}$, puisque d'ailleurs $\frac{a}{b} = \frac{\sin BAC}{\sin CBA}$. Mais si le quadrilatère est inscriptible, et si les angles donnés α et β sont respectivement égaux à ABC et à BAC, de chaque point de la circonférence on verra les distances AC et BC sous les angles donnés.

105. PROBLÈME. *Mesurer une hauteur* BA' *dont le pied* A' *est accessible* (Ex. : la hauteur d'une tour, d'une maison, d'un arbre).

On trace et on mesure sur le terrain, à partir du point A', une droite A'D, qui ne soit ni trop grande ni trop petite par rapport à la hauteur à mesurer. Visant ensuite le sommet B de cette hauteur, on mesure l'angle ACB avec le graphomètre. Cela fait, on connaît un angle ACB et un côté AC de l'angle droit du triangle rectangle CAB ; on calcule facilement le côté AB (3e cas, n° 82). AB étant connu, on lui ajoute la hauteur du graphomètre.

APPLICATION.   AC = 54^m,866 ; ACB = 51° 18′ 40″.
Réponse.   BA = 68^m,511.

106. PROBLÈME. *Mesurer une hauteur* BA' *dont le pied* A' *n'est pas accessible.*

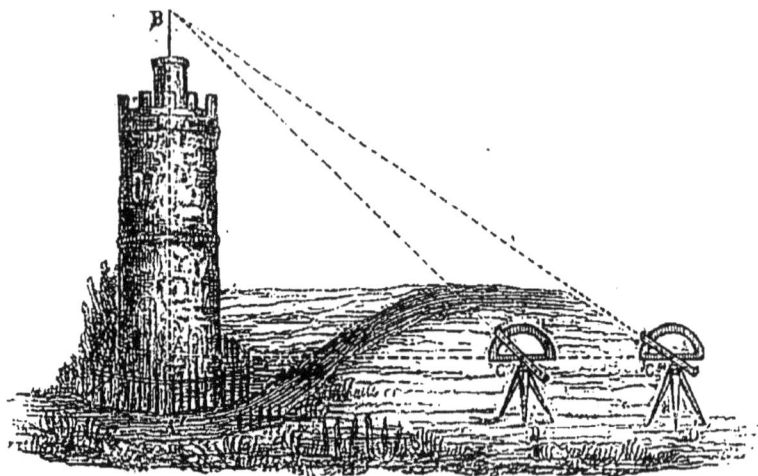

On mesure sur le terrain une base DD′ entre deux points D, D′, d'où on aperçoit le sommet B de la hauteur à mesurer BA. On mesure les angles BCC′ et BC′C, et on calcule la distance CB. Puis on dispose le graphomètre de manière que le centre C et le point de 90° étant dans la direction précise du fil à plomb, l'alidade mobile soit dirigée vers le sommet B, l'angle aigu de CB avec le diamètre fixe de l'instrument est alors l'angle BCA du triangle ABC de l'espace. Connaissant l'angle BCA et l'hypoténuse BC du triangle rectangle ABC, on calcule BA, auquel on ajoute la hauteur CD du graphomètre (*).

107. MESURER LA HAUTEUR D'UNE MONTAGNE. Soit B le point culminant de la montagne et A′ le pied invisible de la verticale à mesurer BA′. On mesure une base DD′ entre deux points D et D′, d'où l'on aperçoit le sommet B, etc., comme précédemment.

EXERCICE.

145. $DD' = 186^m,48$, $BC'C = 42° 8' 50''$;
$BCC' = 114° 28' 40'$; $BCA = 65° 31' 20''$.

Rép. $AB = 287^m,055$.

108. PROBLÈME. *Calculer le côté du polygone régulier de 54 côtés inscrit dans un cercle dont le rayon est* $216^m,24$.

En joignant sur une figure le centre du cercle au milieu et à l'extrémité du côté cherché, on forme un triangle rectangle dont on connaît l'hypoténuse, $a = 214^m,24$, et un angle aigu (au centre) égal à la 108ᵉ partie de 360°, ou à 3°20′. Le côté opposé à cet angle aigu est la moitié du côté cherché. On résout le triangle; ayant trouvé $\frac{1}{2} c = 12^m,574$, on double cette valeur; $c = 25^m,148$.

PROBLÈME. *A quelle hauteur faut-il s'élever au-dessus de la terre pour apercevoir un horizon de 84 myriamètres?*

A l'aide d'une figure, on voit aisément que la question revient à résoudre un triangle rectangle AOB dont on donne un côté de l'angle droit, le rayon OB de la

terre $= \dfrac{40000000^m}{2\pi}$ ou $\dfrac{4000 \text{ myriamètres}}{2\pi}$; et un angle aigu O mesuré par un arc

de 42 myriamètres tracé avec le rayon de la terre. Le nombre des degrés de cet arc se trouve par cette égalité

$$\frac{x}{360} = \frac{42}{4000}; \quad x = 3°46'48''.$$

Connaissant le côté OB et l'angle O, on calcule l'hypoténuse AO du triangle, et on en retranche le rayon de la terre.

(*) Sur notre figure, la base DD′ ou CC′ paraît horizontale et en ligne droite avec le pied A de la hauteur à mesurer. Pour plus de généralité, nous avons supposé DD′ ou CC′ tout à fait quelconque en vue du sommet B.

'146. Déterminer le diamètre d'un bassin dont on ne peut approcher.

On trouvera d'autres exercices analogues aux précédents à la fin de l'appendice.

EXEMPLE DE TRIANGULATION.

109. Trouver la distance de deux points inaccessibles C, D V. la fig. n° 101.

Donnée.		*Résultat.*
AB = 53,467	DBA = 81° 18′ 47″	CD = 47,5084
ABC = 53° 19′ 50″	DAB = 47° 18′ 31″	
CAB = 85° 27′ 24″	CBD = 27° 58′ 57″	

Nous chercherons d'abord CB et CD ou plutôt log CB et log CD; ce qui suffira si nous employons un angle auxiliaire comme il est indiqué n° 92, 2ᵉ cas.

CALCUL DE LOG CB (*triangle* ACB).

$$\frac{CB}{AB} = \frac{\sin CAB}{\sin ACB}; \quad \text{d'où} \quad CB = \frac{AB \sin CAB}{\sin ACB}.$$

Il faut calculer l'angle ACB = 180° — (ABC + CAB).

$$
\begin{array}{rl}
180° = & 179° 59′ 60″ \\
ABC + CAB = & 138° 47′ 14″ \\
\hline
ACB = & 41° 12′ 46″.
\end{array}
$$

log AB = 1,7669108

log sin CAB = $\overline{1}$,9986332

— log sin ACB = 0,1812087

log CB = 1,9467527

. . . . 6325

6,8

log sin ACB = $\overline{1}$,8187913

7709

144

1,7

4

24,0

0

CALCUL DE LOG DB (*triangle* ADB).

$$\frac{DB}{AB} = \frac{\sin DAB}{\sin ADB}; \quad DB = \frac{AB \sin DAB}{\sin ADB}.$$

Il faut calculer l'angle ADB = 180° — (DBA + DAB).

$$
\begin{array}{rl}
180° = & 179° 59′ 60″ \\
DBA + DAB = & 128° 37′ 18″ \\
\hline
ADB = & 51° 22′ 42″.
\end{array}
$$

$$\log AB = 1,7669108$$
$$\log \sin DAB = \overline{1},8662971$$
$$-\log \sin ADB = 0,1071908$$
$$\log DB = \overline{1,7403987}$$

. . . .

$$\log \sin ADB = \overline{1},8928092$$

$$\begin{array}{rr} 2952 & 19,4 \\ 19,4 & 1 \\ & 16,9 \\ 8058 & 2 \\ 33,8 & \end{array}$$

Pour avoir CD du triangle CDB, il faut trouver les angles D et C, puis l'angle auxiliaire φ (V. n° 92).

$$D + C = 180° - B. \quad 179° \ 59'60''$$
$$27° \ 58'57''$$
$$D + C = \overline{152° \ 1' \ 3''}$$
$$\frac{D+C}{2} = 76° \ 0'31'',5.$$

$$\tang \tfrac{1}{2}(D-C) = \tang(45° - \varphi)\tang \tfrac{1}{2}(D+C).$$

$$\log \tang \varphi = \log DB - \log CB.$$

CALCUL DE L'ANGLE φ.

$$\log DB = 1,7403987$$
$$-\log CB = \overline{2},0532473$$
$$\log \tang \varphi = \overline{\overline{1},7936460}$$
$$317$$
$$\overline{143}$$

$$\varphi = 31° \ 52' \ 23''$$
$$45° - \varphi = 13° \ 7' \ 37''$$

. . . . $\begin{array}{r|r} 1430 & 469 \\ 33 & 3 \end{array}$

CALCUL DE $\dfrac{D-C}{2}$.

$$\log \tang(45° - \varphi) = \overline{1},3677342$$
$$\log \tang \frac{D+C}{2} = 0,6035116$$
$$\log \tang \frac{D-C}{2} = \overline{1},9702458$$
$$\frac{176}{282}$$

$$\frac{D-C}{2} = 43° \ 6' \ 16'',6$$

. . . . $\begin{array}{rr} 6676 & 95,2 \\ 666,4 & 7 \\ & 89,8 \\ 4981 & 1,5 \\ 44,9 & 89,8 \end{array}$

. . . . $\begin{array}{r|r} 2820 & 422 \\ 2880 & 6,6 \end{array}$

CALCUL DE D ET DE C.

$$\frac{D + C}{2} = \quad 76° \; 0' \, 31'',5$$

$$\frac{D - C}{2} = \quad 43° \; 6' \, 16'',6$$

$$D = \quad 119° \; 6' \, 48'',1$$
$$C = \quad 32° \, 54' \, 14'',9.$$

CALCUL DE CD.

$$\frac{CD}{DB} = \frac{\sin B}{\sin C}; \quad CD = \frac{DB \sin B}{\sin C}.$$

$\log DB = 1,7403987$

$\log \sin B = \overline{1},6713597$

$- \log \sin C = 0,2650122$

$\log CD = 1,6767706$

$\qquad\qquad 667$

$\qquad\qquad\overline{\quad 39}$

$CD = 47,5084$

$\log \sin C = \overline{1},7349878$

3320	39,6
277,2	7
9719	34,5
29,25	4,9
130,0	

APPENDICE.

110. *Méthode générale pour rendre une somme ou une différence calculable par logarithmes.*

Les lettres a, b, c, d, et m, n employées ci-après désignent des quantités dont les logarithmes sont donnés ou peuvent être trouvés immédiatement.

1° $a + b$. On écrit $a + b = a\left(1 + \dfrac{b}{a}\right)$, et on détermine un angle auxiliaire φ tel que $\tang^2 \varphi = \dfrac{b}{a}$.

On a alors $a + b = a(1 + \tang^2\varphi) = a \sec^2\varphi = \dfrac{a}{\cos^2\varphi}$ calculable par logarithmes.

EXEMPLE. *Trouver* $a = \sqrt{b^2 + c^2}$; $b = 59847,5$; $c = 42059,8$.

$$a^2 = b^2 + c^2 = b^2 \left(1 + \frac{c^2}{b^2}\right); \text{ on pose tang } \varphi = \frac{c}{b}.$$

$$a^2 = b^2(1 + \text{tang}^2 \varphi) = b^2 \sec^2 \varphi; \quad a = b \sec \varphi = \frac{b}{\cos \varphi}.$$

$$\text{Log tang } \varphi = \log c - \log b; \quad \log a = \log b - \log \cos \varphi.$$

(Effectuez les calculs).

2° $a - b$; on écrit $a - b = a \left(1 - \dfrac{b}{a}\right)$, et on détermine un angle auxiliaire φ tel que $\sin^2 \varphi = \dfrac{b}{a}$. On a alors $a - b = a(1 - \sin^2 \varphi) = a \cos^2 \varphi$, calculable par logarithmes.

On ne calcule par logarithmes que les valeurs absolues, c'est-à-dire positives; en écrivant $a - b$, je suppose $a > b$; autrement j'écrirais et je calculerais $b - a$; a étant plus grand que b, $\dfrac{b}{a}$ est plus petit que 1, et l'on peut poser $\sin^2 \varphi = \dfrac{b}{a}$.

EXEMPLE. $\sin x = \text{tang } 57° 49' - \cos 38° 47'$. Trouver x.

$$\sin x = \text{tang } 57° 49' \left(1 - \frac{\cos 30° 57'}{\text{tang } 57° 49'}\right) = \text{tang } 57° 49' \cos^2 \varphi.$$

$$\sin^2 \varphi = \frac{\cos 38° 47'}{\text{tang } 57° 49'}. \text{ On calcule d'abord l'angle } \varphi, \text{ puis } x.$$

Étant donnée une somme quelconque $a + b + c + d + e$, on la réduit à quatre termes en remplaçant $a + b$ par $a \text{ tang}^2 \varphi$, puis à trois termes en remplaçant encore deux termes par un seul, et ainsi de suite.

Étant donnée une expression telle que celle-ci $a - b + c - d + e - f + g$, on peut l'écrire ainsi $a + c + e + g - (b + d + f)$. On convertit $a + c + e + g$ et $b + d + f$ en monomes A et B, puis A — B en un monome.

Nous venons d'indiquer une méthode générale qui ne doit être employée qu'à défaut de moyens plus simples. Ainsi, nous avons considéré dans le cours et dans les exercices diverses sommes où différences que nous avons rendues calculables par logarithmes par des moyens particuliers, suivant la nature des termes composant ces sommes ou ces différences. Voici d'autres exemples.

111. Problème. *Rendre calculable par logarithmes l'expression* m *sin* a + n *cos* a, dans laquelle m et n sont des quantités données dont on connaît ou dont on peut trouver immédiatement les logarithmes.

$$m \sin a + n \cos a = m \left(\sin a + \frac{n}{m} \cos a \right).$$

On cherche un angle φ tel que $\dfrac{\sin \varphi}{\cos \varphi}$ ou $\operatorname{tang} \varphi = \dfrac{n}{m}$.

$$m \sin a + n \cos a = m \left(\sin a + \frac{\sin \varphi}{\cos \varphi} \cos a \right) =$$
$$m \left(\frac{\sin a \cos \varphi + \sin \varphi \cos a}{\cos \varphi} \right) = \frac{m \sin (a + \varphi)}{\cos \varphi},$$

expression calculable par logarithmes.

112. Application. Trouver l'angle x tel que

$$5{,}483 \sin x + 2{,}387 \cos x = 5.$$
$$5{,}483 \left(\sin x + \frac{2{,}387}{5{,}483} \cos x \right) = 5.$$

On pose $\qquad \dfrac{2{,}387}{5{,}483} = \operatorname{tang} \varphi$;

on remplace et on trouve $\dfrac{5{,}483 \sin (x + \varphi)}{\cos \varphi} = 5$; d'où on déduit

$\sin (x + \varphi) = \dfrac{5 \cos \varphi}{5{,}483}$. On calcule l'angle φ et l'angle $x + \varphi$ dont la différence est x.

113. Problème. Trouver le *maximum*, c'est-à-dire la plus grande valeur possible de l'expression $5{,}483 \sin x + 2{,}387 \cos x$.

On pose $5{,}483 \sin x + 2{,}387 \cos x = m$, et on transforme, comme nous venons de le faire en deux équations : $\dfrac{2{,}387}{5{,}483} = \operatorname{tang} \varphi$ et

$\dfrac{5{,}483 \sin (x + \varphi)}{\cos \varphi} = m$. Sin $(x + \varphi)$ est le plus grand possible quand $x + \varphi = 90°$ ou $x = 90° - \varphi$. L'expression proposée a alors sa plus grande valeur possible qui est $\dfrac{5,483}{\cos \varphi}$.

Pour que le problème précédent soit possible, il est donc nécessaire que le 2e membre ne surpasse pas $\dfrac{5,483}{\cos \varphi}$.

114. PROBLÈME. *Rendre calculables par logarithmes les racines de l'équation* $x^2 + px + q = 0$, p *et* q *étant des quantités dont les logarithmes sont donnés ou peuvent être obtenus immédiatement.*

$$x = -\frac{p}{2} \pm \sqrt{\frac{p^2}{4} - q}.$$

Nous n'avons à nous occuper que du cas où $\dfrac{p^2}{4} - q$ est plus grand que zéro. Ce cas se subdivise en deux autres : celui où q est positif et celui où q est négatif.

1er CAS. q *positif.* On pose $\dfrac{p^2}{4} - q = \dfrac{p^2}{4}\left(1 - q : \dfrac{p^2}{4}\right)$, et on détermine un angle φ tel que $\sin^2 \varphi = q : \dfrac{p^2}{4}$.

Alors $\dfrac{p^2}{4} - q = \dfrac{p^2}{4}\cos^2 \varphi$ et $\sqrt{\dfrac{p^2}{4} - q} = \dfrac{p}{2}\cos \varphi$.

$$x = -\frac{p}{2} \pm \frac{p}{2}\cos\varphi = -\frac{p}{2}(1 \mp \cos\varphi).$$

Séparons les racines.

$$x' = -\frac{p}{2}(1 - \cos\varphi) = -\frac{p}{2} \times 2\sin^2\frac{\varphi}{2} = -p\sin^2\frac{\varphi}{2}$$

$$x'' = -\frac{p}{2}(1 + \cos\varphi) = -\frac{p}{2} \times 2\cos^2\frac{\varphi}{2} = -p\cos^2\frac{\varphi}{2}.$$

Les racines ont toutes deux le signe contraire au signe de p.

2e CAS. q *négatif;* $-q$ est positif, et $1 - q : \dfrac{p^2}{4}$ est plus grand que 1.

On pose alors $-q : \dfrac{p^2}{4} = \tan^2\varphi$, et l'on détermine l'angle φ.

$$\cdot \; \frac{p^2}{4} - q = \frac{p^2}{4}\left(1 - q : \frac{p^2}{4}\right) = \frac{p^2}{4}(1 + \tan^2\varphi) = \frac{p^2}{4}\sec^2\varphi = \frac{p^2}{4} \times \frac{1}{\cos^2\varphi}$$

$$x = -\frac{p}{2} \pm \sqrt{\frac{p^2}{4} \times \frac{1}{\cos^2\varphi}} = -\frac{p}{2} \pm \frac{p}{2} \times \frac{1}{\cos\varphi}.$$

Séparons les racines :

$$x' = \frac{p}{2}\left(-1 + \frac{1}{\cos\varphi}\right) = \frac{p}{2}\left(\frac{1 - \cos\varphi}{\cos\varphi}\right) = \frac{p\sin^2\frac{\varphi}{2}}{\cos\varphi}$$

$$x'' = -\frac{p}{2}\left(1 + \frac{1}{\cos\varphi}\right) = -\frac{p}{2}\left(\frac{1 + \cos\varphi}{\cos\varphi}\right) = -\frac{p\cos^2\frac{\varphi}{2}}{\cos\varphi}.$$

Les deux racines sont de signes contraires.

115. REMARQUE. A titre d'exercice et de vérification, nous allons établir à l'aide de ces formules les relations connues

$$x' + x'' = -p \; ; \quad x'x'' = q.$$

1er CAS. $x' + x'' = -p\left(\sin^2\frac{\varphi}{2} + \cos^2\frac{\varphi}{2}\right) = -p.$

$$x'x'' = p^2\sin^2\frac{\varphi}{2}\cos^2\frac{\varphi}{2} = \frac{p^2}{4} \times \left(2\sin\frac{\varphi}{2}\cos\frac{\varphi}{2}\right)^2 = \frac{p^2}{4}\sin^2\varphi = q,$$

puisqu'on a posé $q : \frac{p^2}{4} = \sin^2\varphi.$

2e CAS. $x' + x'' = -p\,\dfrac{\left(\cos^2\frac{\varphi}{2} - \sin^2\frac{\varphi}{2}\right)}{\cos\varphi} = \dfrac{-p\cos\varphi}{\cos\varphi} = -p.$

$$x'x'' = \frac{-p^2\left(\sin^2\frac{\varphi}{2}\cos^2\frac{\varphi}{2}\right)}{\cos^2\varphi} = \frac{-p^2}{4} \times \frac{4\sin^2\frac{\varphi}{2}\cos^2\frac{\varphi}{2}}{\cos^2\varphi} =$$

$$-\frac{p^2}{4} \times \frac{\sin^2\varphi}{\cos^2\varphi} = -\frac{p^2}{4}\tan^2\varphi = q,$$

puisque $\tan^2\varphi = -q : \frac{p^2}{4}.$

Applications.

146. PROBLÈME. *Calculer l'aire d'une zone sphérique à une base, connaissant le rayon R de la sphère et la graduation a° de l'arc générateur PE.*

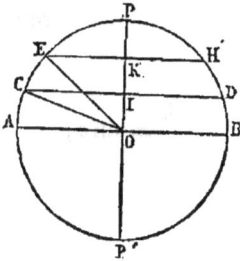

D'après la géométrie, zone PE $= 2\pi R \times KP$; $KP = R - OK$. Or le triangle OKE donne $OK = OE \cos EOK = R \cos a$. Donc $KP = R - R \cos a = R(1 - \cos a) = 2R\sin^2 \frac{a}{2}$, et enfin

$$\text{Zone PE} = 4\pi R^2 \sin^2 \frac{a}{2}.$$

147. EXERCICE. Appliquez à $R = 576{,}25$ et $a = 48°27'53''$.

147. PROBLÈME. *Calculer l'aire d'une zone sphérique à deux bases décrite par un arc de a°, commençant à une distance b° de l'axe de révolution qui est le diamètre de la sphère.*

Soit CE = l'arc générateur (CE $= a°$; PE $= b°$).

Zone CE $= 2\pi R \times IK = 2\pi R (OK - OI)$.

Or $OK = OE \cos EOK = R \cos b$; et $OI = R \cos COI = R \cos (a + b)$.

Donc $OK - OI = R(\cos b - \cos (a + b)) = 2R \sin \frac{a}{2} \sin \left(b + \frac{a}{2}\right)$.

Zone CE $= 4\pi R^2 \sin 1/2 \, a \, \sin (b + 1/2 \, a)$.

148. EXERCICE. Appliquez à $R = 489$, $a = 58°19'43''$ et $b = 19°47'$.

148. REMARQUE. La grandeur a de l'arc générateur restant la même, l'aire de la zone varie avec b, c'est-à-dire avec la position de l'arc générateur par rapport à l'axe. L'aire est la plus petite possible quand $\sin \left(b + \frac{a}{2}\right)$ est le plus petit possible; ce qui a lieu quand $b = o$, c'est-à-dire quand l'arc générateur commence à l'axe. L'aire est la plus grande possible quand $\sin \left(b + \frac{a}{2}\right)$ a sa plus grande valeur, qui est 1. Alors $b + \frac{a}{2} = 90°$; $b = 90° - \frac{a}{2}$, le diamètre CA divise l'arc générateur en deux parties égales; il est donc perpendiculaire à sa corde, qui est parallèle à l'axe. La zone est la plus grande possible quand la corde de l'arc générateur est parallèle à l'axe. C'est ce que nous apprend la géométrie. *Cette plus grande zone* $= 4\pi R^2 \sin 1/2 \, a$.

119. Voici un exemple remarquable.

PROBLÈME. *Trouver le 3e côté c d'un triangle connaissant deux côtés a, b et l'angle A opposé à l'un d'eux.*

On a l'équation $a^2 = b^2 + c^2 - 2bc \cos A$ qui n'a qu'une inconnue c. Elle est du 2e degré; ordonnons la pour la résoudre :

$$c^2 - 2b \cos A. \, c + b^2 - a^2 = 0.$$

$$c = b \cos A \pm \sqrt{b^2 \cos^2 A - b^2 + a^2} = b \cos A \pm \sqrt{a^2 - b^2(1 - \cos^2 A)},$$

ou enfin $$c = b \cos A \pm \sqrt{a^2 - b^2 \sin^2 A}. \qquad (1)$$

Il y a lieu de discuter ces valeurs pour savoir les conditions que les données doivent remplir pour que ces valeurs soient réelles et positives (Exerc. 146). Nous les supposerons telles et nous nous proposerons seulement de les rendre calculables par logarithmes. On les écrit ainsi :

$$c = b \cos a \pm \sqrt{a^2 \left(1 - \frac{b^2 \sin^2 A}{a^2}\right)}; \text{ on pose } \frac{b \sin A}{a} = \sin \varphi,$$

et on cherche l'angle φ. Cela fait on a

$$c = b \cos A \pm \sqrt{a^2 (1 - \sin^2 \varphi)} = b \cos A \pm a \cos \varphi.$$

Il y a encore deux termes. Mais de $\dfrac{b \sin A}{a} = \sin \varphi$, on déduit $b = \dfrac{a \sin \varphi}{\sin A}$; remplaçons b par cette valeur dans celle de a; nous aurons

$$c = \frac{a \sin \varphi \cos A}{\sin A} \pm a \cos \varphi = \frac{a (\sin \varphi \cos A \pm a \cos \varphi \sin A)}{\sin A}$$

ou enfin $$c = \frac{a \sin (\varphi \pm a)}{\sin A}, \qquad (2)$$

expressions calculables par logarithmes.

149. EXERCICE. Discutez successivement les valeurs (1) et (2) de c de manière à établir *dans tous les cas* les conditions pour que chaque valeur soit réelle et positive.

150. PROBLÈME. *Résoudre un triangle connaissant sa base a, l'angle A et la hauteur h.*

La surface $S = 1/2\, ah = 1/2\, bc \sin A$; donc $bc = \dfrac{ah}{\sin A}$.

$$a^2 = b^2 + c^2 - 2bc \cos A = (b + c)^2 - 2bc(1 + \cos A).$$

(J'ajoute et je retranche $2bc$). En remplaçant bc et $1 + \cos A$,

on a $$2bc(1 + \cos A) = \frac{4ah \cos^2 \frac{A}{2}}{\sin A} = \frac{4ah \cos^2 \frac{A}{2}}{2 \sin \frac{A}{2} \cos \frac{A}{2}} = 2ah \cot \frac{A}{2}.$$

Par suite $$a^2 = (b + c)^2 - 2ah \cot \frac{A}{2},$$

$$(b + c)^2 = a^2 + 2ah \cot \frac{A}{2} = a^2 \left(1 + 2 \frac{h}{a} \cot \frac{A}{2}\right).$$

On pose $$2 \frac{h}{a} \cot \frac{A}{2} = \tan^2 \varphi,$$ et l'on détermine l'angle φ.

$$(b + c)^2 = a^2 (1 + \tan^2 \varphi) = a^2 \sec^2 \varphi = \frac{a^2}{\cos^2 \varphi}; \text{ d'où } b + c.$$

Connaissant $b+c$ et bc, on trouvera b et c en résolvant une équation du 2ᵉ degré.

Autrement. On peut trouver $b-c$, et déduire b et c de $b+c$ et de $b-c$.

$$a^2 = b^2 + c^2 - 2bc\cos A = b^2 + c^2 - 2bc + 2bc(1-\cos A) = (b-c)^2 + 2bc(1-\cos A);\ \text{(je retranche et j'ajoute } 2bc),$$

mais
$$2bc(1-\cos A) = \frac{4ah\sin^2\frac{A}{2}}{\sin A} = 2ah\tan\frac{A}{2}.$$

Par suite
$$(b-c)^2 = a^2 - 2ah\tan\frac{A}{2} = a^2\left(1 - \frac{2h}{a}\tan\frac{A}{2}\right).$$

$\frac{2h}{a}\tan\frac{A}{2}$ doit être moindre que 1; on pose $\frac{2h}{a}\tan\frac{A}{2} = \sin^2\Psi$, et on dé-termine l'angle Ψ. Alors $(b-c)^2 = a^2(1-\sin^2\Psi) = a^2\cos^2\Psi$; d'où $b-c$.

Connaissant a, b, c, A, on trouve aisément B et C.

REMARQUE. Nous avons vu qu'on doit avoir

$$\frac{2h}{a}\tan\frac{A}{2} < 1 \text{ ou au plus égal à } 1.$$

Cela revient à $h < \frac{a}{2}\cot\frac{A}{2}$. Or si l'on circonscrit une circonférence au triangle ABC, on voit que $\frac{a}{2}\cot\frac{A}{2}$ est la valeur de la perpendiculaire élevée au milieu de a jusqu'à la circonférence. La hauteur du triangle ne doit pas surpasser cette perpendiculaire (faites la figure). La trigonométrie s'accorde avec la géométrie.

121. PROBLÈME. *Résoudre un triangle, connaissant* a, A *et la surface* S.

C'est le même problème $2S$ remplaçant ah; car $2s = ah$ donne $h = 2s : ah$ est donc connu.

Équations trigonométriques et maximums.

150. $\cos(x+y) = \sin(x-y) = 1/2$. Trouver x et y.

151. $\operatorname{coséc} x = \cot x$. Trouver x.

152. $5\sin^2 x - 2\cos^2 x - 3\sin x\cos x = 0$. Trouver x.

153. $3\cot x + 2\tan x = 5$. Trouver x.

154. $3\cos^2 x + 2\sin^2 x = 2{,}75$. Trouver x.

155. $\cos x = \sin 1/2\,x$. Trouver x.

156. $\dfrac{\sin(27° + x)}{\sin x} = 1{,}2$. Trouver x.

157. $x\cos y = -324{,}6219$; $x\sin y = 549{,}5827$. Trouver un nombre positif x et un angle y qui vérifient ces équations.

158. $\dfrac{1-\sin x}{1+\sin x} = 0{,}784$. Trouver x.

159. $(1+e\cos\theta)(1-e\cos u) = 1-e^2$. Trouver $\tan\frac{\theta}{2}$ connaissant e et u.

(V. l'Ex. 59.)

160. Trouver le maximum de $1 + \sin x + \cos x$.

161.   *Id.*   de $3 \sin x + 2 \cos x$.

162.   *Id.*   de $1 + \sin x + \cos x + \sin x \cos x$.

163. La somme $x + y$ étant constante, trouver le maximum de $\cos x \cos y$, de $\sin x \sin y$, de $\operatorname{tang} x + \operatorname{tang} y$, et de $\operatorname{tang} x \operatorname{tang} y$.

164. Quel est le plus grand des triangles qui ont la même base et le même angle au sommet?

Résolution de triangles rectangles.

165. Résoudre un triangle rectangle connaissant.

     —   l'hypoténuse et la hauteur correspondante.

166.   —   un angle aigu et cette hauteur.

167.   —   le rapport $\dfrac{b}{c}$ et cette hauteur.

168.   —   le rapport $\dfrac{b}{c}$ et la surface.

169.   —   le rapport $\dfrac{b}{c}$ et le périmètre.

170.   —   le rapport $\dfrac{b}{c}$ et a.

Applications.

171. Calculer à 0,01 près la corde d'un arc de $37° 43' 28''$ dans un cercle dont le rayon est $542^m,35$.

172. Quel est le rayon du cercle dans lequel la corde de $37° 43' 28''$ se trouve à 1476^m du centre?

173. Calculer l'aire du segment de cercle limité par cette corde.

174. On demande le rayon du cercle dans lequel les aires des pentédécagones réguliers inscrit et circonscrit diffèrent de 248 mètres carrés.

175. Quelle est la hauteur du soleil au-dessus de l'horizon (l'inclinaison des rayons solaires) quand l'ombre d'un homme est le double de sa hauteur? Quand elle en est la moitié?

176. Quelle est la hauteur d'une tour qui donne une ombre de 108 mètres quand la hauteur du soleil est de $32° 45'$.

Résolutions de triangles quelconques.

177. Résoudre un triangle quelconque connaissant.

     —   une hauteur, un côté et un angle.

178.   —   une hauteur, la surface et un angle.

179.   — a, B et $b \pm c$.

180.   — a, A et $\dfrac{b}{c}$.

181.   — b, c et la bissectrice de l'angle A.

182.   — a, A, et la médiane issue du sommet A.

183. Maximum de l'angle A quand a et la médiane issue de A sont donnés.

184. Résoudre un triangle sachant que sa base donnée a, les deux autres côtés et la hauteur forment dans cet ordre une progression géométrique.

185. On demande de diviser un triangle en deux parties équivalentes par la transversale la plus courte possible.

Questions diverses.

186. Réduire à l'horizon l'angle de deux droites AB, AC, connaissant cet angle BAC et les angles que font AB et AC avec la verticale du point A.

187. Trouver l'aire d'une zone à une base engendrée par un arc de 107°19'48'',4 sur une sphère dont le rayon est 876^m,54.

188. Trouver l'aire d'une zone à deux bases engendrée par un arc de 47°19'27'',8 qui commence à 76°47'42'' de l'arc, le rayon de la sphère étant 564 mètres.

189. Déterminer l'aire de la plus grande zone décrite par un arc de 56°18'31'' sur la même sphère.

190. La terre étant supposée sphérique, on demande quelle fraction de sa surface totale occupent :

1° La zone glaciale (à une base) qui se termine à 23°27'30'' du pôle ;

2° La zone tempérée (à deux bases) qui suit immédiatement et se termine d'ailleurs à 23°27'30'' de l'équateur ;

3° La zone torride qui vient après et se termine à 23°27'30'' au-dessous de l'équateur.

191. On demande la graduation de l'arc qui engendre une zone à une base équivalente aux 4/5 d'un grand cercle.

192. On demande l'aire de la zone terrestre aperçue d'un point situé à 120^m au-dessus de l'horizon.

193. Deux marins s'observent du haut des mâts de leurs navires qui s'éloignent l'un de l'autre ; ces marins étant à des hauteurs h et h' au-dessus de l'horizon, on demande à quelle distance ils cesseront de s'apercevoir.

194. On demande la surface convexe et le volume du cône engendré par un triangle rectangle dont l'hypoténuse égale à 429^m fait avec l'axe un angle de 48°19'43''.

195. Établir une formule générale pour tous les cas semblables.

196. On ouvre la surface conique précédente (Ex. 191), suivant une génératrice, et on la développe sur un plan ; on demande le nombre de degrés de l'arc du secteur circulaire ainsi obtenu.

197. Démontrer que le rapport $\dfrac{\sin a}{a}$ du sinus à l'arc augmente quand a diminue, a étant $< 90°$.

198. Démontrer que le rapport $\dfrac{\tang a}{a}$ de la tangente à l'arc diminue avec l'arc $a < 90°$.

199. Démontrer que l'aire d'un polygone régulier inscrit augmente avec le nombre des côtés.

200. Démontrer que l'aire du polygone régulier circonscrit diminue quand le nombre des côtés augmente.

201. a, a' et a'' désignant les aires des polygones réguliers inscrits de n, de $2n$ et de $4n$ côtés, on demande la limite du rapport $\dfrac{a''-a'}{a'-a}$ quand n tend vers ∞.

202. Déterminer l'angle dièdre du tétraèdre régulier.

203. L'angle au sommet, c'est-à-dire l'angle de la génératrice et de l'axe, d'un cône circonscrit à une sphère est $42°19'48''$; le rayon de la sphère est 368^m. On demande le volume et la surface convexe du cône.

204. Quel est l'angle au sommet du cône minimum circonscrit à une sphère?

205. On donne le rayon R de la base d'un cône et le rayon r de la sphère inscrite; trouver la surface convexe du cône.

206. On demande le minimum de la surface convexe du cône circonscrit à une sphère donnée. Quel est alors l'angle au sommet?

207. Une tour de 24^m de hauteur est située sur une montagne haute de 459^m. On demande la distance horizontale de laquelle cette tour serait vue sous le plus grand angle possible par un observateur placé au niveau du pied de la montagne.

208. Déduire de la relation $a^2 = b^2 + c^2 - 2bc\cos A$ écrite pour les trois angles d'un triangle la relation $\dfrac{a}{\sin A} = \dfrac{b}{\sin B} = \dfrac{c}{\sin C}$.

209. Réciproquement déduire de $\dfrac{a}{\sin A} = \dfrac{b}{\sin B} = \dfrac{c}{\sin C}$ la relation $a^2 = b^2 + c^2 - 2bc\cos A$.

210. Un triangle pour lequel $\sin 2B = \dfrac{\sin 4C}{4\cos^2 C - 2}$ est isocèle ou rectangle.

211. Un triangle pour lequel $\dfrac{\tan B}{\tan C} = \dfrac{\sin^2 B}{\sin^2 C}$ est isocèle ou rectangle.

212. Un triangle pour lequel $S = \dfrac{a^2}{4}$ et $1 + \tan(45° + B) = \dfrac{2\cos C}{\sin C - \cos C}$ est isocèle et rectangle.

213. On demande la limite de $\dfrac{a\sin a}{a\cos a - \sin a}$ pour $a = 0$.

FIN DU COURS.

COMPLÉMENT

DU COURS

DE

TRIGONOMÉTRIE ÉLÉMENTAIRE.

Les formules établies dans le cours s'appliquent à des arcs de grandeurs quelconques, positifs ou négatifs.

122. En nous bornant dans le Cours à la résolution des triangles, nous n'avons considéré que des arcs de cercle variant de 0° à 180°. Dans certaines applications des lignes trigonométriques, on considère des arcs plus grands que 180°, et même des arcs plus grands que la circonférence. Nous allons établir, à propos de ces arcs, la proposition dont nous avons fait le titre de cet appendice.

123. Pour comprendre ce que c'est qu'un arc plus grand qu'une circonférence, il suffit d'imaginer qu'un point M se meuve sur la circonférence, à partir de A (fig. ci-après). Ce point M, après avoir parcouru une circonférence, revient en A, puis continuant, parcourt une 2ᵉ circonférence puis une 3ᵉ, etc. Il peut parcourir ainsi un certain nombre de circonférences, plus une partie de circonférence. On donne toujours le nom d'arcs de cercle aux chemins ainsi parcourus. Ces arcs se distinguent ainsi : 2π, 4π, 6π,......, $n.2\pi$ ou $2n\pi$, et enfin, $2n\pi + a$ (d'après ce qui a été dit n° 6).

124. Le mouvement du point M peut avoir lieu dans deux sens, à partir du point A, dans le sens ABA′B′ ou dans le sens AB′A′B. Les arcs parcourus dans le sens ABA′B′ sont positifs; les autres sont négatifs, c'est-à-dire désignés par des nombres précédés du signe —. Ex. : AM $= a$; AM′ $= -a$.

125. Les conventions relatives aux signes des lignes trigonométriques sont d'ailleurs les mêmes que nous avons indiquées n° 14.

126. Dès qu'on considère des arcs positifs et des arcs négatifs de toutes grandeurs, la même ligne trigonométrique appartient à une infinité d'arcs. Ex. : Tous les arcs qui ont la même origine, A, et la même extrémité, M, ont évidemment les mêmes lignes trigonométriques. De là une certaine indétermination dans la considération des lignes trigonométriques. Pour prévenir toute confusion embarrassante, il est nécessaire de classer les arcs qui ont une ou plusieurs lignes communes; c'est ce que nous allons faire. Nous commencerons par quelques cas particuliers utiles à considérer; puis nous terminerons par les formules générales.

127. Des arcs égaux et de signes contraires.

Soient AM = a, AM' = — a; construisons leurs lignes trigonométriques. (Le complément de AM' = — a est BAM' = 90° + a). A la seule inspection de la figure on voit que les sinus des arcs AM, AM', sont égaux et de signes contraires (MP, M'P); il en est de même de leurs tangentes (AT, AT'); leurs sécantes sont égales et de même signe (OT, OT'). Les cosinus sont égaux et de même signe (MQ, M'Q'); enfin les cotangentes comme les cosécantes sont égales et de signes contraires (BS, B'S'); (OS, OS'). Les mêmes vérifications se feraient pour les arcs AMN, AM'N'. En résumé :

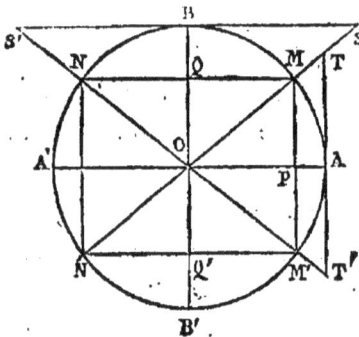

Deux arcs égaux et de signes contraires ont leurs lignes trigonométriques égales et de signes contraires, à l'exception du cosinus et de la sécante qui sont égaux et de même signe.

$$\sin(-a) = -\sin a; \quad \tan(-a) = -\tan a; \quad \sec(-a) = \sec a, \text{ etc.}$$

128. Comparaison des lignes trigonométriques de a et $a + \pi$.

Soient AM = a, ABA'N' = $a + \pi$; construisons les lignes trigonométriques de ces deux arcs. A la seule inspection de la figure, on trouve aisément les relations suivantes :

$$\sin(a+\pi)=-\sin a,\ \tan(a+\pi)=\tan a,\ \sec(a+\pi)=-\sec a;$$
$$\cos(a+\pi)=-\cos a,\ \cot(a+\pi)=\cot a,\ \csc(a+\pi)=-\csc a.$$

129. Tout ce que nous venons de dire, n°s 127 et 128, s'applique à des arcs de grandeurs et de signes quelconques. Cela résulte de ces deux remarques :

1° Deux arcs de grandeurs quelconques, égaux et de signes contraires, commençant au même point A, ont leurs extrémités symétriquement placées comme M et M′, ou N et N′.

2° Quels que soient la grandeur et le signe d'un arc a, les arcs a et $a+\pi$ ont leurs extrémités diamétralement opposées, comme M et N′. Il en est de même de a et $a\pm(2n+1)\pi$. On peut donc dans les formules ci-dessus, n° 128, remplacer $a+\pi$ par $a\pm(2n+1)\pi$.

130. Arcs supplémentaires. En combinant les formules des n°s 127 et 128, on conclut que les formules relatives *aux arcs supplémentaires*, déjà établies n° 17, sont tout à fait générales :

En effet, $\pi-a=-a+\pi$; par suite :

$$\sin(\pi-a)=\sin(-a+\pi)=-\sin(-a)=\sin a.$$
$$\cos(\pi-a)=\cos(-a+\pi)=-\cos(-a)=-\cos a.$$
$$\tan(\pi-a)=\tan(-a+\pi)=\tan(-a)=-\tan a;\ \text{etc.}$$

131. Nous allons généraliser encore plus.

Pour abréger, nous ferons d'avance cette remarque :

Tous les arcs qui ont la même origine A *et la même extrémité* M *sont compris dans la formule* $a\pm 2n\pi$, *c'est-à-dire diffèrent d'un nombre entier de circonférences.*

Cela est évident. Ayant parcouru le plus petit de ces deux arcs, jusqu'en M, il faudra en continuant pour revenir au point M, parcourir au moins une circonférence, ou deux, ou trois circonférences, etc. dans le sens MBA′B′A. Si on considère d'abord le plus grand des deux arcs, il faudra pour obtenir l'autre, parcourir une, ou deux, ou trois, etc., circonférences, à partir du point M, dans le sens MAB′A′ des arcs négatifs.

132. La réciproque est vraie. *Tous les arcs compris dans la formule* $a\pm 2n\pi$ *ont la même origine et la même extrémité.*

Tous ces arcs ont évidemment les mêmes lignes trigonométriques.

153. DES ARCS QUI ONT LE MÊME SINUS.

Soit proposé de trouver les arcs qui ont un même sinus donné. Le sinus donné peut être positif ou négatif. *Supposons-le positif :* on le porte sur OB ; supposons que ce soit OQ (fig. du n° 127). Par le point Q menons NM parallèle à A'A ; les arcs qui ont le sinus donné sont ceux qui, commençant en A, finissent en M ou en N.

1° Considérons d'abord l'arc AM = a. Tous les arcs qui commencent en A et finissent en M sont compris dans la formule $a \pm 2n\pi$.

2° L'arc AMN = $\pi - a$. Tous les arcs qui commencent en A et finissent en N, sont compris dans la formule AMN $\pm 2n\pi$, ou $\pi - a \pm 2n\pi = \pm(2n+1)\pi - a$.

Si le sinus donné est négatif, on le portera sur OB' ; ce sera OQ' (fig. du n° 127). On mènera N'M' ; les arcs commençant en A, et finissant en N' ou en M', sont ceux qui ont le sinus donné. Soit ABA'N' = a. En ajoutant à l'arc ABA'N'M', l'arc M'ABA', qui est égal à ABA'N' ou a, on a pour somme 3π ; donc ABA'N'M' = $3\pi - a$. Tous les arcs qui commencent en A et finissent en N', égaux à ABA'N' $\pm 2n\pi$, sont compris dans la formule $a \pm 2n\pi$; ceux qui finissent en M', égaux à ABA'N'M' $\pm 2n\pi$, sont compris dans la formule $3\pi - a \pm 2n\pi$, qui revient à $(2n+1)\pi - a$, dans laquelle n prendrait toutes les valeurs entières, positives ou négatives. On trouve donc les mêmes formules que dans le 1er cas.

En résumé, *tous les arcs qui ont le même sinus sont compris dans ces deux formules :*

$$a \pm 2n\pi ; \quad (2n+1)\pi - a.$$

154. DES ARCS QUI ONT LA MÊME TANGENTE. (Fig. du n° 127.)

Soit AT la tangente donnée, que nous supposerons positive. Tirons TON'. Les arcs qui commencent en A et finissent en M ou en N' sont ceux qui ont la tangente donnée. Si on pose AM = a, les premiers sont compris dans la formule $a \pm 2n\pi$; et comme ABA'N' = $a + \pi$, les seconds sont compris dans la formule $a \pm (2n+1)\pi$. On peut réunir ces deux formules en une seule :

Les arcs qui ont la même tangente sont compris dans la formule

$$a + n\pi,$$

dans laquelle n désigne un nombre entier quelconque, positif ou négatif.

135. Des arcs qui ont le même cosinus. (Fig. du n° 127.)

On porte le cosinus donné, s'il est positif, sur OA ; soit OP ; on mène la parallèle MM′ à BB′. Les arcs qui ont le cosinus donné sont ceux qui commencent en A et finissent en M ou en M′. Comme AM = a et AM′ = — a, tous ces arcs sont compris dans les deux formules suivantes, dans lesquelles n est un nombre entier, positif ou négatif.

$$2n\pi + a \quad \text{et} \quad 2n\pi - a.$$

136. On trouve de même les formules suivantes :

Arcs qui ont la même sécante : $2n\pi + a, 2n\pi - a.$

Arcs qui ont la même cotangente : $a + n\pi.$

Arcs qui ont la même consécante : $a + 2n\pi, (2n + 1)\pi - a.$

157. Question inverse. *Quelle est la relation qui existe entre deux arcs* a *et* a′, *qui ont le même sinus?* Tous les arcs qui ont le même sinus que *a* sont compris dans l'une de ces formules $a \pm 2n\pi$, $(2n + 1)\pi - a$; a′ étant un de ces arcs, on doit avoir :

$$a' = 2n\pi + a, \quad \text{ou} \quad a' = (2n + 1)\pi - a,$$

c'est-à-dire $a' - a = 2n\pi,$ ou $a' + a = (2n + 1)\pi.$

Pour que deux arcs aient le même sinus, il faut et il suffit que leur différence soit un nombre pair, ou leur somme un nombre impair de demi-circonférences.

158. Si deux arcs a et a' ont même tangente,

$$a' = a + n\pi ;$$

d'où $\qquad\qquad a' - a = n\pi.$

Pour que deux arcs aient même tangente, il faut et il suffit que leur différence soit un nombre entier de demi-circonférences.

159. De même : *Pour que deux arcs aient même cosinus, il faut et il suffit que leur somme ou leur différence soit un nombre pair de demi-circonférences.* On établit aisément des propositions analogues pour les trois autres lignes trigonométriques.

140. Généralisation des formules établies dans le cours. Après avoir ainsi classé les arcs, de manière à distinguer ceux qui ont une même ligne trigonométrique donnée, nous allons montrer que toutes les formules établies dans le cours s'appliquent aux arcs positifs ou négatifs de toutes grandeurs.

Occupons-nous d'abord des cinq premières (n° 18).

Ces formules concernant les lignes trigonométriques du même arc, il n'est pas nécessaire, pour les généraliser, de se préoccuper du signe de l'arc ni de sa grandeur, mais de son origine et de son extrémité. Or l'origine étant toujours placée au même point A, il suffit de considérer l'extrémité. Celle-ci peut tomber dans le 1ᵉʳ, dans le 2ᵉ, dans le 3ᵉ, ou dans le 4ᵉ quadrant. Nous avons considéré le 1ᵉʳ et le 2ᵒ cas, nᵒˢ 18 et 19. Pour le 3ᵉ et le 4ᵉ cas, on fera ce que nous avons fait pour le 2ᵉ : on établira d'abord les relations entre les lignes par la considération des triangles qui les contiennent; puis on aura égard aux signes de ces lignes absolument de la même manière qu'au n° 19. On démontre ainsi aisément que les formules (1), (2), (3), (4), (5) s'appliquent à tous les arcs sans exception. De la généralité de ces formules résulte celle des formules (6), (7) et (8).

141. *Généralisation des formules qui donnent* sin (a + b), cos (a + b), sin (a — b), cos (a — b).

Nous avons déjà démontré dans le cours (n° 27) que les formules (9), (10), (11), (12) s'appliquent aux arcs positifs de toutes grandeurs.

Il ne nous reste plus qu'à démontrer l'application des quatre formules à des arcs négatifs. Nous n'avons à considérer en particulier que le cas où, dans les formules (9) et (10) relatives à $\sin(a+b)$ et à $\cos(a+b)$, les arcs a et b sont tous deux négatifs.

Ce cas à part, les formules (9), (10), (11), (12) ne font que se changer les unes dans les autres quand on y remplace des arcs positifs par des arcs négatifs.

Les formules (9) *et* (10) *qui s'appliquent à des arcs positifs de toutes grandeurs, s'appliquent également à tous les arcs négatifs.*

En effet,

$$\sin(-a-b) = \sin-(a+b) = -\sin(a+b) = -\sin a \cos b - \cos a \sin b;$$

mais $\qquad -\sin a = \sin -a, \quad \cos b = \cos(-b),$ etc. Donc :

$$\sin(-a-b) = \sin(-a)\cos(-b) + \cos(-a)\sin(-b).$$

De même.

$$\cos(-a-b)=\cos-(a+b)=\cos(a+b)=\cos a\cos b-\sin a\sin b=$$
$$\cos(-a)\cos(-b)-\sin(-a)\sin(-b).$$

De cette discussion il résulte que *les formules* (9), (10), (11), (12), *s'appliquent aux arcs de toutes grandeurs positifs ou négatifs.*

142. CoROLLAIRE. *Toutes les formules* (13), (14),...... *qui suivent dans le cours, se déduisant d'abord des formules précédentes, puis les unes des autres* PAR LE CALCUL, *s'appliquent à* TOUS *les arcs positifs ou négatifs, sans exception.*

DISCUSSION DES FORMULES MULTIPLES.

$$\cos\frac{a}{2}=\pm\sqrt{\frac{1+\cos a}{2}},\quad \sin\frac{a}{2}=\pm\sqrt{\frac{1-\cos a}{2}},\ \text{etc.}$$

143. La moitié, ou le tiers, ou le quart, etc., d'un arc a, moindre que 180°, est moindre que 90°. C'est pourquoi, trouvant une valeur double pour $\cos\frac{a}{2}$, $\sin\frac{a}{2}$, ou $\tang\frac{a}{2}$, etc., nous n'avons adopté dans le cours que la valeur positive, seule convenable dans ces limites. Mais quand on généralise les formules de la trigonométrie, en les appliquant à des arcs positifs ou négatifs de.toutes grandeurs, la valeur négative trouve son emploi.

144. Reprenons ces doubles formules

$$\cos\frac{a}{2}=\pm\sqrt{\frac{1+\cos a}{2}}, \qquad (20)$$

$$\sin\frac{a}{2}=\pm\sqrt{\frac{1-\cos a}{2}}. \qquad (22)$$

DISCUSSION. Le cosinus donné, $\cos a$, n'appartient pas seulement à un arc donné, désigné par a, mais encore à tous les arcs compris dans la formule $2n\pi\pm a$ (n° 135). Si l'on proposait, relativement à l'un quelconque de ces arcs, la question résolue pour l'arc a, on mettrait pour la résoudre *le même nombre* à la place de $\cos a$ dans les équations

$$\cos a = \cos^2 \frac{a}{2} - \sin^2 \frac{a}{2}, \quad (18) \qquad 1 = \cos^2 \frac{a}{2} + \sin^2 \frac{a}{2}. \quad (1)$$

Il résulte de là que les formules générales (20) et (22), qui donnent les solutions de ces deux équations, doivent servir à calculer les cosinus et les sinus des moitiés de tous les arcs compris dans la formule $2n \pm a$. Or ces moitiés sont elles-mêmes comprises dans la formule $n\pi \pm \dfrac{a}{2}$.

La formule (19), qui doit donner les cosinus de ces derniers arcs, ne donne que deux valeurs :

$$+ \sqrt{\frac{1 + \cos a}{2}} \quad \text{et} \quad - \sqrt{\frac{1 + \cos a}{2}}.$$

Il n'en faut pas davantage. En effet, si n est *pair*, $n\pi = 2n'\pi$ est un nombre entier de circonférences ; tous les arcs de la formule $n\pi \pm \dfrac{a}{2} = \pm \dfrac{a}{2} + 2n'\pi$ ont le même cosinus que $+\dfrac{a}{2}$ ou $-\dfrac{a}{2}$, qui ont tous deux le même cosinus (135). Donc il ne faut qu'une valeur pour tous les arcs compris dans la formule $n\pi \pm \dfrac{a}{2}$ quand n est pair ; c'est la valeur de $\cos \dfrac{a}{2}$.

Si n est *impair* $(n = 2n' + 1)$, $n\pi \pm \dfrac{a}{2} = 2n'\pi + \left(\pi \pm \dfrac{a}{2}\right)$. Tous les arcs de cette formule ont alors le même cosinus que $\pi + \dfrac{a}{2}$ ou $\pi - \dfrac{a}{2}$ (n° 135), qui ont tous deux le même cosinus, égal et de signe contraire à celui de $\dfrac{a}{2}$ ou de $-\dfrac{a}{2}$. Il résulte de là que tous les arcs de la formule $n\pi \pm \dfrac{a}{2}$, correspondant aux valeurs *impaires* de n, ont tous le même cosinus, égal et de signe contraire à celui de $\dfrac{a}{2}$.

En résumé, les cosinus des arcs compris dans la formule $n\pi \pm \frac{a}{2}$ n'ont en tout que deux valeurs égales et de signes contraires : ces valeurs sont données par la formule (20).

145. Le même raisonnement sert à démontrer que les valeurs des sinus de tous les arcs compris dans la formule $n\pi \pm \frac{a}{2}$ se réduisent à deux valeurs égales et de signes contraires, qui sont données par la formule (22).

Dans le cas de n *pair*, il y a lieu de considérer l'arc $\frac{a}{2}$ et l'arc $-\frac{a}{2}$, dont les sinus sont égaux et de signes contraires. Dans le cas de n *impair*, les arcs de la formule $n\pi \pm \frac{a}{2}$ ont même sinus que $\pi + \frac{a}{2}$ ou $\pi - \frac{a}{2}$; or $\sin\left(\pi + \frac{a}{2}\right) = -\sin\frac{a}{2}$, et $\sin\pi - \frac{a}{2} = \sin\frac{a}{2}$, c'est-à-dire que ces valeurs sont les mêmes que dans le cas où n est pair. On ne trouve donc *en tout* que deux valeurs égales et de signes contraires.

146. On arrive aisément aux mêmes conclusions en raisonnant sur une figure (ci-après).

Soient $AM = a$ et $Am = \frac{a}{2}$; $AM' = -a$, et $Am' = -\frac{a}{2}$.

Le cosinus donné OP appartient à tous les arcs que l'on obtient en augmentant ou en diminuant AM ou AM' d'un nombre quelconque de circonférences. Mais augmenter ou diminuer l'arc considéré d'une circonférence, c'est augmenter ou diminuer sa moitié d'une demi-circonférence. Or si on augmente l'arc Am d'une demi-circonférence, puis d'une seconde, puis d'une troisième, et ainsi de suite indéfiniment, il est facile de voir que que les arcs obtenus sont alternativement terminés en n et en m, de sorte que les cosinus sont alternativement op', op,

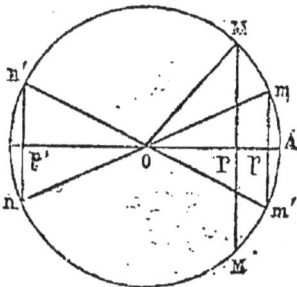

op', op,... toujours les mêmes. Si on diminue Am d'une, de deux, de trois demi-circonférences, c'est la même chose. Si ensuite on augmente ou on diminue successivement Am' d'une demi-circonférence, puis d'une autre, puis d'une troisième, on aura des arcs terminés tantôt en n', tantôt en m', lesquels auront pour cosinus tantôt op', tantôt op, c'est-à-dire les mêmes que précédemment. Pour tous ces arcs, la formule (20) doit donner seulement deux valeurs égales et de signes contraires.

Le même mode de discussion s'applique à la formule (22). Les sinus que l'on trouve sont alternativement mp, $n'p'$, np', $m'p$, c'est-à-dire deux sinus égaux et de signes contraires. ,

147. Considérons maintenant la formule

$$\tan \frac{a}{2} = \frac{-1 \pm \sqrt{1 + \tan^2 a}}{\tan a}. \qquad (24)$$

La tangente donnée n'appartient pas seulement à l'arc donné désigné par a, mais à tous les arcs compris dans la formule $a \pm n\pi$; il résulte de considérations analogues à celles que nous avons développées à propos de la formule (20), que la formule (24) doit fournir les tangentes de tous les arcs compris dans la formule $\frac{a}{2} \pm \frac{n}{2} \pi (k)$; or cette formule (24) ne fournit que deux valeurs.

Si n est *pair*, $n = 2n'$, $\frac{n}{2} = n'$, la formule (k) devient $\frac{a}{2} \pm n'\pi$; or on sait que tous les arcs de cette dernière formule ont même tangente que l'arc $\frac{a}{2}$. Si n est *impair*, $n = 2n' + 1$, la formule (k) devient $\frac{a}{2} \pm n'\pi \pm \frac{\pi}{2}$. Or tous ces arcs ont la même tangente que $\frac{a}{2} + \frac{\pi}{2}$ ou $\frac{a}{2} - \frac{\pi}{2}$; les deux derniers ont même tangente; car $\frac{a}{2} + \frac{\pi}{2} = \left(\frac{a}{2} - \frac{\pi}{2}\right) + \pi$. Ainsi, en définitive, tous les arcs de la formule (k), correspondant aux valeurs paires de n, ont la même tangente, $\tan \frac{a}{2}$; tous les arcs correspondant aux valeurs *impaires* de n ont la même tangente, $\tan \left(\frac{a}{2} + \frac{\pi}{2}\right)$. Ces deux tangentes sont de signes contraires : en effet, si l'on augmente un arc quelconque $\frac{a}{2}$ de 90°, sa tangente change de signe (V. sur une figure). Il faut donc en tout deux valeurs, l'une positive, l'autre négative; ce sont celles que fournit la formule (24).

148. On arrive à la même conclusion en raisonnant sur une figure.

Soient $AM = a$ et $Am = \dfrac{a}{2}$. Tous les arcs que l'on obtient en augmentant AM

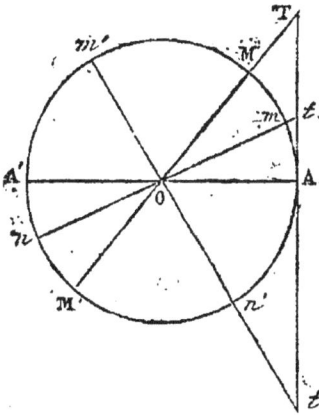

d'une demi-circonférence, puis d'une autre, puis d'une troisième, etc., ont la tangente donnée. Augmenter ainsi un arc quelconque, c'est augmenter sa moitié d'un quadrant, puis d'un autre, puis d'un troisième, etc. Am a pour tangente At; $Am + \dfrac{\pi}{2} = Am'$ a la tangente négative, At'. Ensuite, $Am' + \dfrac{\pi}{2} = Am + \pi = Amm'n$; la tangente est At. En ajoutant un quadrant de plus, on arrive au point n', et la tangente est At'. Puis on revient au point m, et l'on retrouve la tangente At; ainsi de suite. On trouve alternativement les tangentes At, At', de signes contraires.

Remarques. Le triangle tot' est rectangle en O, puisque $mm' = \dfrac{\pi}{2}$; OA est perpendiculaire sur l'hypoténuse; donc $At \times At' = \overline{OA}^2 = 1$. Si l'on tient compte du signe de At', on doit écrire $At \times At' = -1$. Or At et At' sont les deux racines de l'équation du 2ᵉ degré qui a donné les deux valeurs (24). C'est pourquoi le terme connu de cette équation est -1.

149. Problème. *Connaissant* $\sin a$, *trouver* $\sin \dfrac{a}{2}$ *et* $\cos \dfrac{a}{2}$.

Nous avons trouvé, page 20 (en note), les quatre valeurs

$$\sin \frac{a}{2} = \pm \frac{1}{2}\sqrt{1 + \sin a} \pm \frac{1}{2}\sqrt{1 - \sin a}; \qquad (m)$$

$$\cos \frac{a}{2} = \pm \frac{1}{2}\sqrt{1 + \sin a} \mp \frac{1}{2}\sqrt{1 - \sin a}. \qquad (n)$$

Discutons ces formules comme les formules (20), (22), (24).

150. Discussion. Le sinus donné n'appartient pas seulement à l'arc donné, désigné par a, mais à tous les arcs compris dans les formules $a \pm 2n\pi$, $(2n+1)\pi - a$. Les formules (m) et (n) doivent fournir les sinus et les cosinus des moitiés de tous ces arcs. Ces moitiés sont comprises dans les formules $\dfrac{a}{2} + n\pi$, $n\pi + \dfrac{\pi}{2} - \dfrac{a}{2}$.

Considérons seulement les valeurs de $\sin \dfrac{a}{2}$.

Si n est pair, $n = 2n'$; $\dfrac{a}{2} + n\pi = \dfrac{a}{2} + 2n'\pi$; $\dfrac{\pi}{2} - \dfrac{a}{2} + n\pi = \dfrac{\pi}{2} - \dfrac{a}{2} + 2n'\pi$. Tous les arcs de ces formules ont respectivement les mêmes sinus que $\dfrac{a}{2}$ et $\dfrac{\pi}{2} - \dfrac{a}{2}$.

Si n est *impair*, $n = 2n' + 1$; $\dfrac{a}{2} + n\pi = \dfrac{a}{2} + 2n'\pi + \pi$; $n\pi + \dfrac{\pi}{2} - \dfrac{a}{2} = 2n'\pi +$

$\pi + \dfrac{\pi}{2} - \dfrac{a}{2}$. Tous les arcs de ces formules ont, dans ce cas, le même sinus que

$\dfrac{a}{2} + \pi$ et $\dfrac{\pi}{2} - \dfrac{a}{2} + \pi$, c'est-à-dire des sinus égaux et de signes contraires aux

sinus de $\dfrac{a}{2}$ et de $\dfrac{\pi}{2} - \dfrac{a}{2}$.

Ainsi donc, il faut en résumé pour tous les arcs des deux formules quatre valeurs égales deux à deux et de signes contraires, celles qui conviennent aux arcs :

$$\frac{a}{2}, \quad \frac{\pi}{2} - \frac{a}{2}, \quad -\frac{a}{2}, \quad -\left(\frac{\pi}{2} - \frac{a}{2}\right).$$

La formule qui donne $\cos \dfrac{a}{2}$ se discute exactement de la même manière.

On peut remarquer que les valeurs de $\cos \dfrac{a}{2}$ sont les mêmes que celles de $\sin \dfrac{a}{2}$, mais se trouvent dans un ordre différent. Ce fait s'explique aisément : nous trouvons parmi les quatre arcs ci-dessus, $\dfrac{a}{2}$ et $\dfrac{\pi}{2} - \dfrac{a}{2}$, qui sont complémentaires l'un de l'autre; le sinus de l'un est le cosinus de l'autre, et *vice versâ*. $\sin\left(\dfrac{\pi}{2} - \dfrac{a}{2}\right)$ doit se trouver parmi les valeurs des sinus, d'après notre discussion ; mais le cosinus de $\dfrac{a}{2}$ doit se trouver parmi les cosinus, puisque c'est le cosinus cherché primitivement; or $\cos \dfrac{a}{2}$ n'est autre que $\sin\left(\dfrac{\pi}{2} - \dfrac{a}{2}\right)$. De même $\cos\left(\dfrac{\pi}{2} - \dfrac{a}{2}\right)$ doit se trouver parmi les cosinus, parce que $\dfrac{\pi}{2} - \dfrac{a}{2}$ est la moitié de $\pi - a$, qui a le sinus donné; mais $\cos\left(\dfrac{\pi}{2} - \dfrac{a}{2}\right)$, c'est $\sin \dfrac{a}{2}$. On raisonnerait de même pour les deux derniers arcs.

151. Cette discussion peut se faire sur une figure.

Soient AM $= a$, AMN $= \pi - a$. Nous savons que tous les arcs qui ont le

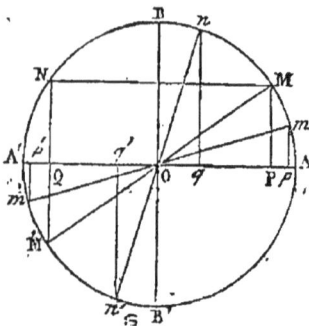

sinus donné peuvent être considérés comme obtenus, 1° en augmentant ou en diminuant l'arc AM d'une circonférence, puis d'une seconde circonférence, puis d'une troisième, etc.; 2° en agissant de même relativement à l'arc AMN. La moitié de AM étant Am, et celle de AMN étant An, les moitiés des arcs dont nous venons de parler s'obtiendront, 1° en augmentant ou en diminuant Am d'une demi-circonférence, puis d'une seconde, puis d'une troisième, etc.; 2° en augmentant ou en diminuant de même l'arc An. En augmentant ou diminuant ainsi l'arc Am, on obtient des arcs finissant alternativement en m' et en m. Ces arcs ont pour sinus $m'p'$ ou mp. Quand il s'agit de An, on obtient des arcs finissant alternativement en n' et en n, qui ont pour sinus $n'q'$, nq. Les sinus mq, $m'p'$ sont égaux et de signes contraires : il en est de même de nq et $n'q'$. Donc les formules doivent fournir, pour les sinus des moitiés des arcs qui ont le sinus donné, quatre valeurs égales deux à deux et de signes contraires.

La même chose se voit pour les valeurs de $\cos \dfrac{a}{2}$, qui sont, abstraction faite des signes, Op, Oq, Op', Oq'.

152. Nous pourrions aller plus loin et chercher $\sin 3a$, $\sin 4a$, etc., $\cos 3a$, $\cos 4a$, etc. Puis $\sin \dfrac{a}{3}$, $\sin \dfrac{a}{4}$, etc.; $\cos \dfrac{a}{3}$, $\cos \dfrac{a}{4}$,... et discuter les formules obtenues. Mais nous dépasserions le but que nous nous sommes proposé dès le commencement de cet appendice.

NOTIONS SUR LA MESURE DES LONGUEURS ET DES ANGLES.

1. DES JALONS. Pour tracer une droite sur le terrain, on se sert de JALONS. On appelle ainsi des baguettes de bois léger et bien ébranchées (en coudrier, bourdaine, saule, osier, etc.), ayant environ 1 mètre et demi de long, et 2 à 3 centimètres de grosseur au milieu ; ils servent à déterminer les alignements (*).

L'extrémité inférieure qu'on enfonce en terre est ferrée et pointue ; l'autre est fendue et reçoit un morceau de papier ou une carte, qui sert de mire. Les jalons doivent être placés bien verticalement (au moyen du fil à plomb).

2. TRACÉ D'UNE DROITE. *Prendre un alignement ou tracer une droite* sur le terrain, c'est marquer par des jalons un certain nombre de points de cette ligne. Quand la distance est peu considérable, on plante simplement un jalon à chaque extrémité. Mais si la distance est assez grande, ayant placé des jalons ou des signaux quelconques aux deux extrémités, on plante des jalons entre ces signaux, en procédant comme il suit :

Le géomètre se place à quelques pas en arrière du jalon A, de manière que ce jalon, visé dans la direction AB, lui cache le jalon B (**).

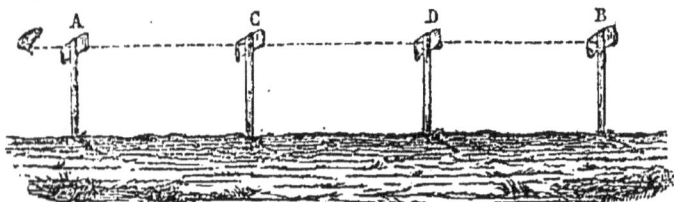

Un aide, qui marche de A vers B, plante de distance en dis-

(*) Pour plus de précision, il convient que les jalons soient taillés en forme de prismes de la longueur indiquée ; alors on vise un jalon suivant une de ses arêtes.

(*) On place quelquefois à l'extrémité B un *voyant*, c'est-à-dire un rectangle

tance sur son chemin des jalons C, D, de manière que le géomètre, visant toujours comme nous l'avons dit dans la direction AB, ne voie ces jalons ni à droite ni à gauche de cette ligne; tous les jalons C, D, B doivent lui être cachés par le jalon A.

Si la ligne à jalonner est très-longue, et qu'on veuille opérer avec précision, on se sert d'une lunette dirigée de A vers B; on plante les jalons dans le plan vertical déterminé par l'axe optique de la lunette.

De quelque manière qu'on opère, il faut employer un assez grand nombre de jalons pour que l'alignement soit indiqué avec une précision suffisante.

DE LA CHAINE. *La chaîne d'arpenteur* est un instrument qui sert à mesurer sur le terrain les distances un peu considérables. Elle est ordinairement composée de cinquante chaînons ou tiges en gros fil de fer, bouclés à leurs extrémités et réunis par des anneaux. La distance comprise entre les centres de deux anneaux consécutifs est égale à deux décimètres, de sorte que la longueur totale de la chaîne, en y comprenant deux poignées de fer qui la terminent, est de *dix* mètres (*). Les anneaux sont en fer, excepté ceux qui indiquent les mètres de cinq en cinq, que l'on fait en laiton. L'anneau du milieu porte de plus, comme marque distinctive, un petit appendice en métal.

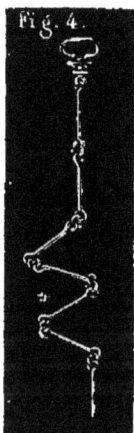

3. REMARQUE. A chaque opération, on exerce sur la chaîne, pour la tendre, un effort qui doit bientôt l'allonger; il est donc nécessaire, dans les opérations qui exigent une grande exactitude, de vérifier la chaîne sur une longueur préalablement préparée avec soin pour servir d'étalon. On tient compte de l'allongement.

---

en fer-blanc dont les deux moitiés sont de couleurs différentes et qui peuvent glisser dans une règle plantée verticalement. Les voyants sont employés à défaut de signaux naturels.

(*) Chaque poignée et le chaînon adjacent (plus court que les autres) forment à eux deux un double décimètre. On donne d'ailleurs à la chaîne quelques millimètres de plus, afin de compenser l'erreur produite par le défaut de tension absolue.

4. Mesurer une droite AB. L'arpenteur fait cette opération avec un aide ou porte-chaîne. L'arpenteur appuie l'une des poignées de la chaîne *extérieurement* contre le jalon placé à l'extrémité A de la ligne. L'aide, ayant dans la main droite l'autre poignée de la chaîne, et dans la gauche dix fiches ou pointes en fer, marche de A vers B, tendant la chaîne dans l'alignement déterminé par les jalons; cela fait, il plante une première fiche en l'appuyant *intérieurement* contre la poignée de la chaîne. Puis l'arpenteur et son aide vont en avant, du même pas, en soulevant la chaîne, jusqu'à ce que le premier soit arrivé à la fiche plantée par le second. Il s'y arrête et applique sa poignée contre cette fiche, pendant que l'aide, ayant tendu de nouveau la chaîne, place une deuxième fiche; ainsi de suite. L'arpenteur ramasse chaque fois la fiche à laquelle il vient de s'arrêter; quand il a les dix fiches en main, il les rend à son aide et marque sur son carnet une *portée* de 100 mètres. Quelquefois on remplace chaque dixième fiche par un piquet qui reste jusqu'à la fin de l'opération.

Ordinairement une distance se compose d'un certain nombre de longueurs de chaîne, plus une fraction de cette longueur. Pour mesurer cette fraction, on emploie les chaînons, et ensuite un mètre divisé.

5. REMARQUES. Quand l'opération qui nous occupe a pour objet de mesurer sur le terrain même la distance absolue de deux points A, B, la chaîne doit être tendue, suivant l'alignement, parallèlement au terrain dont elle suit fidèlement la pente. Mais s'il s'agit d'une longueur à rapporter sur le papier dans la construction du plan du terrain, la chaîne doit toujours être tendue horizontalement entre un premier point de l'alignement et la verticale d'un second point.

Quoi qu'on fasse en pareil cas pour tendre la chaîne en ligne droite, elle prend toujours une courbure un peu prononcée. C'est pourquoi, quand la pente est régulière, il vaut mieux mesurer la longueur suivant la pente, sauf à réduire ensuite cette longueur à l'horizon.

6. DU GRAPHOMÈTRE. *Le graphomètre* sert à mesurer les angles; il se compose d'un demi-limbe circulaire gradué (exactement semblable au rapporteur), et de deux alidades à pinnules (*), l'une fixe CC', dirigée suivant le diamètre du limbe et faisant corps avec lui, l'autre BB', mobile autour du centre du limbe, et située dans son plan. La direction de l'alidade fixe CC' s'appelle *ligne de foi* (**).

Le limbe du graphomètre porte, comme le rapporteur, une double graduation en demi-degrés de 0° à 180°. Les pinnules C, C', de l'alidade fixe doivent être disposées de manière que la ligne des deux points du limbe marqués 0° et 180° soit dans le plan des fils. En outre, l'alidade mobile BB' porte à ses extrémités des verniers dont les zéros sont placés dans les plans des fils de ses pinnules. Le limbe est fixé par son centre à une tige *e* terminée par une sphère d'environ 0,02 de diamètre. Cette sphère est embrassée par deux coquilles *f*, *f*, que l'on peut écarter ou rapprocher, de manière à permettre ou à empêcher le

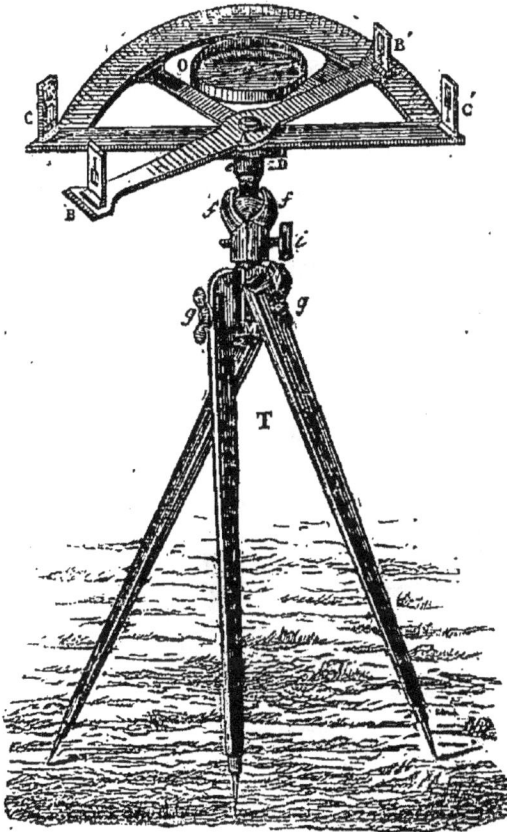

(*) Pinnules. On appelle pinnules une plaque de cuivre, A ou B, portant dans le sens de sa longueur, deux fentes situés l'une au-dessus de l'autre L'une de ces fentes, très-étroite, s'appelle *œilleton;* l'autre, assez large, s'appelle croisée. Un fil très-fin, dirigé dans le sens de la longueur de la pinnule, divise la croisée en deux parties égales. Une alidade à pinnules est une règle de bois ou de cuivre portant à ses deux extrémités deux pinnules perpendiculaires à son plan.

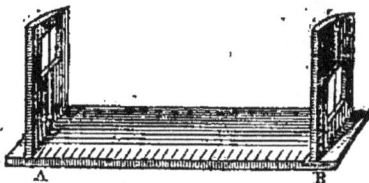

(*) Les alidades à pinnules du graphomètre peuvent être remplacées avantageusement par deux lunettes à réticules. Une de ces lunettes est *fixée* au-dessous

mouvement de la sphère à l'aide de la vis i; cet assemblage porte le nom de *genou à coquilles*. La sphère tournant, on peut donner au plan du limbe une position quelconque dans laquelle on le fixe en serrant la vis; les coquilles se réunissent en une tige qui se termine par une douille ou cylindre creux dans laquelle s'emmanche l'axe M d'un trépied T qui porte l'instrument. Les trois branches en bois de ce trépied, terminées en fer de lance, s'appliquent au moyen de la vis de pression g, contre les facès du manche M ci-dessus indiqué.

7. USAGE DU GRAPHOMÈTRE. Pour mesurer avec le graphomètre l'angle BAC de deux droites horizontales, il suffit de connaître le sommet A et un point bien indiqué sur chaque côté par un jalon ou par un signal quelconque disposé verticalement. On

commence par assujettir à frottement dans le genou de l'instrument; puis on dispose le trépied de manière que l'axe de la pièce M, dirigé verticalement, passe par le sommet A; on se sert

du limbe, suivant son diamètre; l'autre, placée sur le limbe, peut tourner autour du centre. Chacune de ces lunettes est munie d'une vis de pression qui permet, étant desserrée, de rendre le mouvement rapide; une vis de rappel sert à lui donner un mouvement lent. Avec les alidades à lunettes, on obtient plus de précision dans la visée.

pour cela d'un fil à plomb, attaché à cette pièce M, et qu'on laisse tomber. Cette condition à peu près remplie (*), on serre les vis *g, g,* et l'on enfonce les pointes ferrées dans le sol. Puis on fait tourner la sphère entre les coquilles, de manière à ce que le limbe étant rendu horizontal (ce qu'on vérifie à l'aide d'un niveau à bulle d'air), l'alidade fixe ait la direction AB; on y parvient après quelques tâtonnements. On serre alors fortement la vis *i*, puis on fait tourner l'alidade mobile jusqu'à ce que le jalon C, visé à travers les pinnules, se trouve derrière le fil (**). L'arc B'C', compris alors entre le zéro du limbe et la division qui correspond au fil de la croisée mobile, mesure l'angle BAC.

Si les lignes AB, AC du terrain ne sont pas horizontales, l'arc B'C' mesure l'angle BAC *réduit à l'horizon*, c'est-à-dire projeté sur un plan horizontal. Les jalons en B et en C doivent être plantés verticalement.

8. *Mesure d'un angle quelconque* BAC *dont le plan n'est pas horizontal* (même figure que la précédente). Il s'agit de mesurer l'angle de deux rayons visuels allant, d'une station A, à deux points quelconques B et C distingués par des signaux. On installe le graphomètre de manière que son centre soit sur la verticale de A. Puis on fait tourner la sphère du genou à frottement doux, et par suite le limbe, de manière à ce que l'alidade fixe étant dirigée vers le point B, le plan du limbe passe aussi par le point C (les rayons visuels AB et AC doivent tous deux raser ce plan). Le limbe ayant cette position, on serre la vis *i*, et l'on fait tourner l'alidade mobile pour le diriger vers le point C. Quand elle a bien cette position, on lit sur le limbe la valeur de l'angle BAC mesuré par l'arc B'C'.

Quand la visée a lieu dans un plan vertical, la direction du fil à plomb doit raser le plan du limbe en un endroit quelconque.

(*) Cette condition ne serait pas tout à fait remplie qu'il n'en résulterait généralement qu'une erreur très-petite et négligeable sur la valeur de l'angle BAC.

(**) Le pied du graphomètre est terminé supérieurement par un disque D, au centre duquel se trouve un *pivot* A qui traverse à la fois le limbe et l'alidade fixe.

TABLE DES MATIÈRES

FIN DE LA TABLE DES MATIÈRES.

Paris. — Imprimé par E. THUNOT et Ce, rue Racine, 26, près de l'Odéon.

SOLUTIONS DÉVELOPPÉES

DES QUESTIONS PROPOSÉES

DANS LE COURS DE TRIGONOMÉTRIE RECTILIGNE.

Paris. — Imprimé par E. Thunot et Ce, 26, rue Racine, près de l'Odéon.

SOLUTIONS DÉVELOPPÉES

DES QUESTIONS PROPOSÉES

DANS LE COURS ÉLÉMENTAIRE

DE

TRIGONOMÉTRIE RECTILIGNE

PAR

A. GUILMIN,

PROFESSEUR DE MATHÉMATIQUES.

———— ✦ ————

PARIS.

AUGUSTE DURAND, LIBRAIRE,

Rue des Grès, 7.

1863

SOLUTIONS DÉVELOPPÉES

DES QUESTIONS PROPOSÉES

DANS LE COURS DE TRIGONOMÉTRIE RECTILIGNE.

Avis au lecteur. Les formules appliquées et les renvois sont indiqués ainsi : (f. 3) ou simplement (3) indique la formule (3) du Cours. (N° 15) renvoie au n° 15 du cours. (Ex. 12) ou (ex. 12) renvoie à l'exercice 12.

EXERCICE 1.

1° De 180° à 270°. Considérez pour les signes les lignes trigonométriques de ABA'N'.

Le sinus *négatif* (ex. N'P') varie de 0 à — 1. Le cosinus *négatif* (ex. OP') varie de — 1 à 0. La tangente *positive* (ex. AT) varie de 0 à ∞. La sécante *négative* (ex. OT) varie de — 1 à — ∞. La cotangente *positive* (ex. BS) varie de ∞ à 0. La cosécante *négative* (ex. OS) varie de — ∞ à — 1.

$$\sin 270° = -1; \cos 270° = 0; \tan 270° = \infty; \sec 270° = -\infty;$$
$$\cot 270° = 0; \csc 270° = -1.$$

2° De 270° à 360°. Considérez pour les signes les lignes trigonométriques de l'arc ABA'B'M'.

Le sinus *négatif* (ex. M'P) varie de — 1 à 0. Le cosinus *positif* (ex. OP) varie de 0 à 1. Etc., etc.

1

Ex. 2 (*).

N° 2. Pour résoudre cette question et les suivantes, jusqu'à l'ex. 9 inclusivement, on trace dans le cercle donné deux diamètres rectangulaires AOA', BOB', le point A étant l'origine des arcs qu'on détermine (fig. *précédente*).

Sin $a = 3/5$ (les 3/5 du rayon). On divise en 5 parties égales le rayon OB (dans le sens des sinus *positifs*); par le 3° point de division Q, on mène MQN parallèle à AA'. L'arc AM et l'arc ABN répondent évidemment à la question.

OBSERVATION GÉNÉRALE. Nous ne considérons que les arcs positifs plus petits que 360°. (Pour plus de généralité, voir le *Complément du cours*).

Ex. 3.

Cos $a = 0,7$ (les 0,7 du rayon). On divise le rayon OA (sens des cosinus positifs) en 10 parties égales. On compte 7 parties depuis O jusqu'à P; au point P, on mène MPM' perpendiculaire à OA. L'arc AM et l'arc ABA'B'M' répondent évidemment à la question.

Ex. 4.

Tang $a = 7/5$ (les 7/5 du rayon). On mène la tangente AT, et l'on divise le rayon OB en 5 parties égales; on porte 7 de ces parties (ou bien 1 rayon et 2 parties) de A jusqu'à T, par exemple; puis on mène TON' qui rencontre la circonférence en M et en N'. L'arc AM et l'arc ABA'N' répondent évidemment à la question.

Ex. 5.

Cos $a = -5/9$ (*négatif* et égal aux 5/9 du rayon). On divise le rayon OA' (sens des cosinus négatifs) en 9 parties égales; on compte 5 parties de O à P' par ex.; et l'on mène NP'N' perpendiculaire à OA'. L'arc ABN et l'arc ABA'N' répondent évidemment à la question.

(*) Lisez EXERCICE 2.

· Ex. **6.**

Tang $a = -0,8$ (*négative* et égale aux 0,8 du rayon). On mène la tangente AT' (sens des tangentes négatives). On divise le rayon en 8 parties égales et l'on porte 8 de ces parties sur AT' jusqu'à T', puis on tire T'ON. L'arc ABN et l'arc ABA'B'M' répondent évidemment à la question.

Ex. **7.**

Séc $a = 2,5$ (*positive* et égale aux 25/10 du rayon). L'extrémité de l'arc doit être sur la sécante (n° 14). On divise OA en dix parties égales; on le prolonge et on prend, à partir du centre, deux rayons et 5/10 du rayon jusqu'au point H. (Faites la figure.) On mène la tangente TAT'; puis on décrit un arc de cercle de O comme centre avec le rayon OH jusqu'à rencontrer AT en R et AT' en R'; on trace OR qui rencontre la circonférence en K, et OR' qui la rencontre en K'. L'arc AK et l'arc ABA'B'K' répondent tous deux à la question.

Méthode indirecte. De séc $a = 2,5$, on déduit $\cos a = \dfrac{10}{25}$; et l'on détermine l'arc a comme il a été expliqué (Ex. 3).

Ex. **8.**

Séc $a = -1,8 = -18/10$ (négative et égale aux 18/10 du rayon); $\cos a = -10/18$. On divise le rayon OA' en dix-huit parties égales et l'on porte 10 de ces parties du centre O jusqu'à P' (*fig.* de l'ex. 1); puis on élève NP'N' perpendiculaire à AOA'. Les arcs ABN, ABA'N' répondent à la question proposée.

Directement. On prend les 18/10 de OA à partir du centre O jusqu'à H', sur OA prolongé. (Faites la figure.) Puis du point O comme centre, avec le rayon OH', on décrit un arc de cercle à la rencontre de la tangente TAT' en T et en T'; on trace les diamètres TON' et T'ON. Les arcs ABA'N' et ABN répondent à la question. La sécante étant *négative*, l'extrémité de l'arc doit être sur le prolongement de TO ou de T'O (n° 14).

Ex. 9.

Coséc $a = 1,9 = 19/10$; on en déduit sin $a = 10/19$. Puis on détermine l'arc a comme dans l'ex. 2.

Directement. (Faites la figure.) Sur la direction prolongée de OB, on prend OB $+ 9/10$ de OB jusqu'en D. On décrit un arc de cercle de O comme centre avec le rayon OD à la rencontre de BS en I et de BS' en I'; on trace OI et OI' qui rencontrent la circonférence en F et en F'. Les arcs AF, ABF' répondent à la question. La cosécante étant *positive*, l'extrémité doit se trouver sur IO et sur I'O (n° 14).

Ex. 10.

L'arc $a + 90°$ a pour supplément $90° - a$. On a donc, d'après les n°ˢ 17 et 8,

$$\sin(90°+a) = \sin(90°-a) = \cos a$$
$$\cos(90°+a) = -\cos(90°-a) = -\sin a$$
$$\operatorname{tg}(90°+a) = -\operatorname{tg}(90°-a) = -\cot a$$

$$\sec(90°+a) = -\sec(90°-a) = -\operatorname{coséc} a$$
$$\cot(90°+a) = -\cot(90°-a) = -\operatorname{tg} a$$
$$\operatorname{coséc}(90°+a) = \operatorname{coséc}(90°-a) = \sec a$$

Ex. 11.

REMARQUE. Le sinus donné appartient à deux arcs supplémentaires a et a', plus petits que 180°. Nous ne considérons dans les exercices suivants *que les arcs plus petits que* 180° ayant les lignes trigonométriques données.

Rép. sin $a = 0,85$; cos $a = 0,526$ .....; tang $a = 1,616$ .....; séc $a = 1,901$ .....; cot $a = 0,618$ .....; coséc $a = 1,176$ .....;

$a' > 90°$; sin $a' = 0,85$, cos $a' = -0,526...$; tang $a' = -1,616...$, etc. (*V*. n° 17.)

On calcule d'abord cos $a = \sqrt{1-(0,85)^2} = \sqrt{1,85 \times 0,15} = 0,526..$. On se sert ensuite de sin a et de cos a pour calculer les autres lignes à l'aide des formules (2), (3), (4) et (5).

Ex. 12.

Rép. Sin $a = 0,714...$; tang $a = -1,02...$; séc $a = -1,428...$; cot $a = -0,980...$; coséc $a = 1,400...$

$\text{Cos} = -0,7$; a est plus grand que 90°. On calcule d'abord $\sin a =$ $\sqrt{1-(0,7)^2} = \sqrt{1,7 \times 0,3} = 0,714 \ldots$

Pour calculer les autres lignes on se sert de $\sin a$ et de $\cos a$ en employant les formules (2), (3), (4) et (5).

Ex. 13.

60° est la moitié de 120° qui est sous-tendu par le côté du triangle équilatéral égal à $\sqrt{3}$; $\sin 60° = 1/2\sqrt{3}$. Puis on applique les formules (1), (2), (3), (4) et (5).

$$\sin 60° = \frac{\sqrt{3}}{2}; \quad \cos 60° = \sqrt{1 - \frac{3}{4}} = \frac{1}{2}; \quad \tan 60° = \frac{\sqrt{3}}{2} : \frac{1}{2} = \sqrt{3}$$

$$\cot 60° = \frac{1}{2} : \frac{\sqrt{3}}{2} = \frac{1}{\sqrt{3}} = \frac{\sqrt{3}}{3}; \sec 60° = 2; \csc 60° = 1 : \frac{\sqrt{3}}{2} = \frac{2}{\sqrt{3}} = \frac{2\sqrt{3}}{3}$$

60° est le complément de 30°; de là une *vérification*.

$$\sin 60° = 0,866 \ldots; \quad \tan 60° = 1,732 \ldots; \quad \cot 60° = 0,577 \ldots;$$
$$\csc 60° = 1,154 \ldots$$

Ex. 14.

Le côté du décagone régulier est la corde de 36°. On sait que ce côté $= \frac{(\sqrt{5}-1)}{2}$; par conséquent $\sin 18° = \frac{\sqrt{5}-1}{4}$.

On en déduit d'abord $\cos 18° = \sqrt{1 - \frac{(\sqrt{5}-1)^2}{16}} = \frac{\sqrt{10+2\sqrt{5}}}{4}$.

En extrayant les racines, on trouve approximativement $\sin 18° = 0,309 \ldots$; $\cos 18° = 0,951 \ldots$; puis à l'aide des formules (2), (3), etc.

$$\tan 18° = 0,324 \ldots; \quad \sec 18° = 1,051 \ldots; \quad \cot 18° = 3,077 \ldots;$$
$$\csc 18° = 3,236 \ldots$$

Ex. 15.

Rép. $\quad \sec a = \dfrac{1}{\cos a} = \pm \sqrt{1 + \tan^2 a}, \quad$ (f. 6); $\cot a =$

$\dfrac{1}{\tan a}$; $\operatorname{cosec} a = \dfrac{1}{\sin a} = \dfrac{\pm \sqrt{1 + \tan^2 a}}{\tan a} \quad$ (f. 7).

Ex. 16.

D'après (3), $\cos a = \dfrac{1}{\sec a}$. En remplaçant dans (1), on a $\sin^2 a +$

$\dfrac{1}{\sec^2 a} = 1$; $\sin^2 a = 1 - \dfrac{1}{\sec^2 a} = \dfrac{\sec^2 a - 1}{\sec^2 a}$.

Donc $\qquad \sin a = \dfrac{\pm \sqrt{\sec^2 a - 1}}{\sec a}$.

D'après (2), $\tan a = \dfrac{\sin a}{\cos a} = \pm \sqrt{\sec^2 a - 1}$. (Vérifiez sur la fig.)

$\cot a = \dfrac{1}{\tan a} = \dfrac{1}{\pm \sqrt{\sec^2 a - 1}}$. Enfin d'après (5), $\operatorname{cosec} a =$

$\dfrac{1}{\sin a} = \dfrac{\sec a}{\pm \sqrt{\sec^2 a - 1}}$.

Ex. 17.

On emploie les formules (1), (2), (3) (4) (5) (écrivez-les), et celle-ci : $\operatorname{cosec}^2 a = 1 + \cot^2 a \, (m)$, qui se vérifie sur la figure. Cette formule (m) donne $\operatorname{cosec} a = \pm \sqrt{1 + \cot^2 a}$. La formule (8) donne

$\tan a = \dfrac{1}{\cot a}$; (5) donne $\sin a = \dfrac{1}{\operatorname{cosec} a} = \dfrac{1}{\pm \sqrt{1 + \cot^2 a}}$;

(3) donne $\qquad \cos a = \dfrac{\sin a}{\tan a} = \dfrac{\cot a}{\pm \sqrt{1 + \cot^2 a}}$.

Enfin $\qquad \sec a = \dfrac{1}{\cos a} = \dfrac{\pm \sqrt{1 + \cot^2 a}}{\cot a}$.

Ex. 18.

On emploie les mêmes formules (1), (2), (3), (4), (5) et (m) de l'ex. 17. La formule (m) donne $\cot a = \pm \sqrt{\operatorname{coséc}^2 a - 1}$; on en déduit

$$\operatorname{tang} a = \frac{1}{\cot a} = \frac{1}{\pm \sqrt{\operatorname{coséc}^2 a - 1}}; \quad \sin a = \frac{1}{\operatorname{coséc} a};$$

(2) donne $\quad \cos a = \dfrac{\sin a}{\operatorname{tang} a} = \dfrac{\pm \sqrt{\operatorname{coséc}^2 a - 1}}{\operatorname{coséc} a}.$

Enfin $\quad \operatorname{séc} a = \dfrac{1}{\cos a} = \dfrac{\operatorname{coséc} a}{\pm \sqrt{\operatorname{coséc}^2 a - 1}}.$

Ex. 19.

$\operatorname{Tang} a = 2,4.$

$$\operatorname{séc} a = \sqrt{1 + (2,4)^2} = 2,6 \quad (\text{f. } 6);$$

$\operatorname{Cos} a = \dfrac{1}{\operatorname{séc} a} = \dfrac{1}{2,6} = 0,38\ldots, \quad \cot a = \dfrac{1}{\operatorname{tang} a} = 0,41\ldots;$

$\sin a = \operatorname{tang} a \times \cos a \ (\text{f. } 2) = 0,92\ldots; \quad \operatorname{coséc} a = \dfrac{1}{\sin a} = 1,07 \ldots$

Ex. 20.

$\operatorname{séc} b = -3$; b est $> 90°$; sa tangente, son cosinus et sa cotang sont négatives; $\cos b = \dfrac{1}{-3} = -0,33\ldots$ (f. 3).

$$\operatorname{tang} b = -\sqrt{3^2 - 1} = -\sqrt{8} = -2,828\ldots \quad (\text{Ex. } 16);$$

d'après (2), $\quad \sin b = \operatorname{tang} b \cos b = 0,94\ldots$

$\cot b = \dfrac{1}{\operatorname{tang} b} = -\dfrac{1}{2,828} = -0,353\ldots; \quad \operatorname{coséc} b = \dfrac{1}{0,94} = 1,06\ldots$

Ex. 21.

$\cot b = 0,8.$ D'après (8), $\quad \operatorname{tang} b = \dfrac{1}{0,8} = \dfrac{10}{8} = 1,25.$

(D'après (m) de l'ex. 17),

$$\text{coséc}\, b = \sqrt{1 + \cot^2 b} = \sqrt{1 + (0,8)^2} = 1,28\ldots$$

$$\sin b = 1 : \text{coséc}\, b = 0,78\ldots; \quad \cos b = \sin b \cot b = 0,62\ldots;$$
$$\text{séc}\, b = 1 : \cos b = 1,61\ldots$$

Ex. 22.

Rép. $\quad \sin 75° = 0,9657\ldots; \quad \cos 75° = 0,2587\ldots;$

$75° = 45° + 30°, \quad \sin 75° = \sin 45° \cos 30° + \cos 45° \sin 30°;$

$\cos 75° = \cos 45° \cos 30° - \sin 45° \sin 30°.$

Or $\sin 45° = \cos 45° = 1/2\sqrt{2}; \quad \sin 30° = 1/2,$ et $\cos 30° = 1/2\sqrt{3}.$

Par suite

$$\sin 75° = \frac{\sqrt{2}}{2}\left(\frac{\sqrt{3}}{2} + \frac{1}{2}\right) \quad \text{et} \quad \cos 75° = \frac{\sqrt{2}}{2}\left(\frac{\sqrt{3}}{2} - \frac{1}{2}\right).$$

$\sqrt{3} = 1,732\ldots; \quad \sqrt{2} = 1,414\ldots; \quad$ d'où $\quad \sin 75°$ et $\cos 75°.$

Ex. 23.

Rép. $\sin 105° = 0,9657\ldots, \quad \cos 105° = -0,2587\ldots$

$105° = 60° + 45°; \quad \sin 105° = \sin 45° \cos 60° + \cos 45° \sin 60°.$

$\text{Cos}\, 105° = \cos 45° \cos 60° - \sin 45° \sin 60°,$

ou (d'après l'ex. 22),

$$\sin 105° = \frac{\sqrt{2}}{2}\left(\frac{1}{2} + \frac{\sqrt{3}}{2}\right) \quad \text{et} \quad \cos 105° = \frac{\sqrt{2}}{2}\left(\frac{1}{2} - \frac{\sqrt{3}}{2}\right).$$

Ces valeurs sont les mêmes que celles de $\sin 75°$ et $- \cos 75°$; cela doit être puisque $105° = 180° - 75°$ (v. n° 17).

Ex. 24.

Rép. $\quad \sin(b + a) = 0,86; \quad \sin(b - a) = 0,24\ldots;$

$\cos(b + a) = 0,50\ldots; \quad \cos(b - a) = 0,97\ldots;$

$\text{Sin}\, a = 5/13; \quad \cos b = 0,8.$ Il faut calculer $\cos a$ et $\sin b.$

$$\cos a = \sqrt{1-(5/13)^2} = \sqrt{\frac{169-25}{169}} = \sqrt{\frac{144}{169}} = \frac{12}{13}.$$
$$\sin b = \sqrt{1-(0,8)^2} = \sqrt{0,36} = 0,6.$$

$\sin b$ étant plus grand que $\sin a$, b est $> a$, nous considérons $b \pm a$. En appliquant les formules (9), (10), (11) et (12), on trouve aisément les réponses.

Ex. 25.

Rép. $\sin 48° = 0,743...;\ \cos 48° = 0,668...;$

$48° = 30° + 18°;\ \sin 48° = \sin 30° \cos 18° + \cos 30° \sin 18°;$

$\cos 48° = \cos 30° \cos 18° - \sin 30° \sin 18°.$

On sait (n° 21) que $\sin 30° = 1/2$ et $\cos 30° = 1/2\sqrt{3}$; on a trouvé (ex. 14) $\sin 18°$ et $\cos 18°$. On a donc

$$\sin 48° = \frac{1}{2} \times \frac{\sqrt{10+2\sqrt{5}}}{4} + \frac{\sqrt{3}}{2} \times \frac{\sqrt{5}-1}{4},$$

$$\cos 48° = \frac{\sqrt{3}}{2} \times \frac{\sqrt{10+2\sqrt{5}}}{4} - \frac{1}{2} \times \frac{\sqrt{5}-1}{4}.$$

On se sert des valeurs déjà calculées de $\sqrt{3}$, $\sqrt{2}$ (ex. 22), et de $\sin 18°$, $\cos 18°$ (ex. 14); on met ces valeurs dans les valeurs précédentes de $\sin 48°$, $\cos 48°$, et on effectue les calculs.

Ex. 26.

Rép. $\sin 27° = 0,434...,\ \cos 27° = 0,890...$

$27° = 45° - 18°;\ \sin 45° = \cos 45° = 1/2\sqrt{2},$

$\sin 27° = 1/2\sqrt{2}(\cos 18° - \sin 18°);\ \cos 27° = 1/2\sqrt{2}(\cos 18° + \sin 18°).$

On calcule $\cos 18°$ et $\sin 18°$ (v. ex. 14); $1/2\sqrt{2} = 0,707$. Avec ces valeurs, on calcule aisément $\sin 27°$ et $\cos 27°$.

Ex. 27.

Rép. $\sin 78° = 0,978...,\ \cos 78° = 0,208...$

$78° = 60° + 18°.\ \sin 78° = \sin 60° \cos 18° + \cos 60° \sin 18°,$

et $\cos 78° = \cos 60° \cos 18° - \sin 60° \sin 18°.$

On calcule sin 60°, cos 60°, sin 18°, cos 18° comme il a été expliqué ex. 13 et 14; on met leurs valeurs dans celles de sin 78°,
cos 78°, et on effectue les calculs.

Ex. 28.

$$\cot(a+b) = \frac{\cos(a+b)}{\sin(a+b)} = \frac{\cos a \cos b - \sin a \sin b}{\sin a \cos b + \sin b \cos a}.$$

On divise le numérateur et le dénominateur terme à terme par
$\sin a \sin b$ pour amener $\cot a$ et $\cot b$; ce qui donne

$$\cot(a+b) = \frac{\cot a \cot b - 1}{\cot b + \cot a};$$

de même

$$\cot(a - b) = \frac{\cot a \cot b + 1}{\cot b - \cot a}.$$

Ex. 29.

Rép. $\tan 75° = 3,732...$; $\cot 75° = 0,267...$;

$75° = 45° + 30°$. $\tan 45° = 1$; $\tan 30° = 1/3\sqrt{3}$

$$\tan 75° = \frac{1 + 1/3\sqrt{3}}{1 - 1/3\sqrt{3}} = \frac{3+\sqrt{3}}{3-\sqrt{3}} = \frac{\sqrt{3}(\sqrt{3}+1)}{\sqrt{3}(\sqrt{3}-1)} = \frac{\sqrt{3}+1}{\sqrt{3}-1} = 2+\sqrt{3}.$$

$$\cot 75° = \frac{1}{\tan 75°} = \frac{\sqrt{3}-1}{\sqrt{3}+1} = 2 - \sqrt{3}.$$

Ex. 30.

Rép. $\tan(a+b) = 10,73...$, $\tan(a-b) = 0,530$,

$$\tan(a+b) = \frac{1,5+0,54}{1-1,5\times0,54}, \quad \tan(a-b) = \frac{1,5-0,54}{1+1,5\times0,54}.$$

Ex. 31.

Rép. $\tan(a+b) = 3,937...$; $\tan(a-b) = 0,589$.

$\sin a = 0,8$; $\cos a = \sqrt{1-(0,8)^2} = 0,6$; $\tan a = 4/3$...

$\cos b = 12/13$; $\sin b = \sqrt{1-\cos^2 b} = 5/13$; $\tan b = 5/12$.

$$\text{Tang}\,(a+b) = \frac{4/3 + 5/12}{1 - 4/3 \times 5/12}; \quad \tan\,(a-b) = \frac{4/3 - 5/12}{1 + 4/3 \times 5/12}.$$

(Effectuez.)

Ex. 52.

$$\tan 105° = -\,3,732\ldots, \quad \cot 105° = -0,267\ldots$$

$$105° = 60° + 45°, \quad \tan 45° = 1, \quad \tan 60° = \sqrt{3}.$$

Par suite

$$\tan 105° = \frac{1 + \sqrt{3}}{1 - \sqrt{3}} = -\frac{\sqrt{3} + 1}{\sqrt{3} - 1}; \quad \cos 60° = -\frac{\sqrt{3} - 1}{\sqrt{3} + 1}.$$

Ces valeurs sont égales et de signes contraires aux valeurs de tang 75°, cot 75° (ex. 29). Cela doit être; car 105° = 180° — 75°, et nous avons vu (n° 17) que les arcs supplémentaires ont leurs tangentes et leurs cotangentes égales, mais de signes contraires.

Ex. 53.

$$\tan 15° = 0,267\ldots; \quad \cot 15° = 3,732\ldots$$

$$15° = 45° - 30°; \quad \tan 45° = \frac{1 - 1/3\sqrt{3}}{1 + 1/3\sqrt{3}} = \frac{3 - \sqrt{3}}{3 + \sqrt{3}} = \frac{(\sqrt{3} - 1)}{(\sqrt{3} + 1)};$$

$$\cot 15° = \frac{\sqrt{3} + 1}{\sqrt{3} - 1}.$$ En comparant, on voit que tg 15° = cot 75°,

et cot 15° = tang 75°. Cela doit être; puisque 15° est le complément de 75°; 75° + 15° = 90°.

Ex. 54.

$$\sin 210° = -\,1/2, \quad \cos 210° = -\,1/2\sqrt{3}, \quad \tan 210° = 1/3\sqrt{3}.$$

210° est le double de 105°

$$\sin 210° = 2\sin 105° \cos 105°;$$
$$\cos 210° = \cos^2 105° - \sin^2 105° \qquad (k).$$

Prenons les valeurs de sin 105° et de cos 105° (ex. 23), et substituons-les

$$\sin 210° = 2 \times \frac{\sqrt{2}}{2}\left(\frac{1}{2} + \frac{\sqrt{3}}{2}\right) \times \frac{\sqrt{2}}{2}\left(\frac{1}{2} - \frac{\sqrt{3}}{2}\right)$$

$$= -\frac{\sqrt{3}+1}{2} \times \left(-\frac{\sqrt{3}-1}{2}\right) = -\frac{2}{4} = -\frac{1}{2}.$$

Ce qui est exact; car $210° = 180° + 30°$. En prenant $180° + 30°$ sur une circonférence, on voit que le sinus de l'arc obtenu est négatif et égal d'ailleurs à $\sin 30°$. $\cos 210° = -\sqrt{1-\sin^2 210°} = -1/2\sqrt{3}$; le cosinus est négatif (V. l'exercice 1). On peut, comme exercice, déduire ce cosinus de la valeur (k) ci-dessus de $\cos 210°$.

Ex. 35.

$\sin 150° = 1/2$; $\cos 150° = -1/2\sqrt{3}$; $\tan 150° = -1/3\sqrt{3}$;

ou

$\sin 150° = 0,5$; $\cos 150° = -0,866...$; $\tan 150° = -0,577...$;
En effet $150° = 2$ fois 75; $\sin 150° = 2\sin 75° \cos 75°$;
$$\cos 15° = \cos^2 75° - \sin^2 75°.$$

$$\sin 150° = 2\frac{\sqrt{2}}{2} \times \left(\frac{\sqrt{3}+1}{2}\right) \times \frac{\sqrt{2}}{2} \times \frac{\sqrt{3}-1}{2} =$$

$$\frac{\sqrt{3}+1}{2} \times \frac{\sqrt{3}-1}{2} = \frac{2}{4} = \frac{1}{2}.$$

$\sin 150° = \frac{1}{2} = \sin 30°$. Cela doit être, puisque $150°$ et $30°$ sont supplémentaires. Cela étant, $\cos 150° = -\cos 30°$ et $\tan 150° = -\tan 30°$. C'est une vérification.

Ex. 36.

Rép. $\sin 36° = 0,5877...$; $\cos 36° = 0,809...$; $\tan 36° = 0,726$.

$36° = 2$ fois $18°$; $\sin 36° = 2\sin 18° \cos 18°$; $\cos 36° = \cos^2 18° - \sin^2 18°...$; etc.

$\sin 36° = 2\dfrac{\sqrt{5}-1}{4} \times \dfrac{\sqrt{10+2\sqrt{5}}}{4}$. Pour effectuer cette multiplication, j'élève $\sqrt{5}-1$ au carré et je multiplie la quantité

$10 + 2\sqrt{5}$ par ce carré d'après ce principe : $a\sqrt{b} = \sqrt{a^2}\sqrt{b} = \sqrt{b \times a^2}$

$(\sqrt{5} - 1)^2 = 5 + 1 - 2\sqrt{5} = 6 - 2\sqrt{5}$, $(6 - 2\sqrt{5}) \times (10 + 2\sqrt{5}) = 40 - 8\sqrt{5}$ après réduction.

On a donc $\sin 36° = \dfrac{2 \times \left(\sqrt{40 - 8\sqrt{5}}\right)}{16} = \dfrac{4\sqrt{10 - 2\sqrt{5}}}{16}$; et enfin

$$\sin 36° = \frac{\sqrt{10 - 2\sqrt{5}}}{4} = 0,588\ldots;$$

$$\cos 36° = \frac{10 + 2\sqrt{5}}{16} - \frac{6 - 2\sqrt{5}}{16} = \frac{4 + 4\sqrt{5}}{16} = \frac{1 + \sqrt{5}}{4}.$$

$$\operatorname{tang} 36° = \frac{\sqrt{10 - 2\sqrt{5}}}{1 + \sqrt{5}}.$$

$\sqrt{5} = 2,236\ldots$; et l'on n'a plus qu'à effectuer les calculs.

Ex. 57.

Je fais $b = 2a$ dans $\sin(a + b)$ (f. 9); ce qui donne $\sin 3a = \sin a \cos 2a + \cos a \sin 2a$. Je remplace $\sin 2a$ et $\cos 2a$ par leurs valeurs connues (f. 15 et et 16); ce qui donne

$$\sin 3a = \sin a (\cos^2 a - \sin^2 a) + 2\sin a \cos^2 a = \sin a \cos^2 a - \sin^3 a + 2\sin a \cos^2 a = 3\sin a \cos^2 a - \sin^3 a.$$

Je remplace $\cos^2 a$ par $1 - \sin^2 a$, et j'ai enfin

$$\sin 3a = 3\sin a(1 - \sin^2 a) - \sin^3 a = 3\sin a - 4\sin^3 a.$$

Ex. 58.

Je remplace b par $2a$ dans $\cos(a + b)$ (f. 10); ce qui donne $\cos 3a = \cos a \cos 2a - \sin a \sin 2a$; puis je remplace $\cos 2a$ et $\sin 2a$ par leurs valeurs; ce qui donne

$$\cos 3a = \cos a (\cos^2 a - \sin^2 a) - 2\sin^2 a \cos a = \cos^3 a - \cos a \sin^2 a - 2\cos a \sin^2 a = \cos^3 a - 3\cos a \sin^2 a.$$

Je remplace $\sin^2 a$ par $1 - \cos^2 a$, et j'ai enfin

$$\cos 3a = \cos^3 a - 3\cos a(1 - \cos^2 a) = 4\cos^3 a - 3\cos a.$$

Ex. 59.

22° 30′ est la moitié de 45°; cos 45° = 1/2 $\sqrt{2}$. J'applique (20), (22) et 24.

$$\sin 22° 30 = \sqrt{\frac{1 - 1/2\sqrt{2}}{2}} = \sqrt{\frac{2 - \sqrt{2}}{4}} = \frac{\sqrt{2 - \sqrt{2}}}{2} = 0,382...$$

$$\cos 22° 30 = \sqrt{\frac{1 + 1/2\sqrt{2}}{2}} = \sqrt{\frac{2 + \sqrt{2}}{4}} = \frac{\sqrt{2 + \sqrt{2}}}{2} = 0,923...$$

$$\text{tg } 22° 30′ = \frac{-1 + \sqrt{2}}{1} = \sqrt{2} - 1 = 0,414....$$

On a aussi tang 22° 30′ $= \dfrac{\sin 22° 30′}{\cos 22° 30′} = \dfrac{\sqrt{2 - \sqrt{2}}}{\sqrt{2 + \sqrt{2}}}$; par suite,

on doit avoir $\dfrac{\sqrt{2 - \sqrt{2}}}{\sqrt{2 + \sqrt{2}}} = \sqrt{2} - 1$. (A vérifier.)

Ex. 40.

15° est la moitié de 30°; cos 30° = 1/2 $\sqrt{3}$ et tang 30° = $\dfrac{1}{\sqrt{3}}$. J'applique (20), (22) et (24).

$$\sin 15° = \sqrt{\frac{1 - 1/2\sqrt{3}}{2}} = \frac{\sqrt{2 - \sqrt{3}}}{2}; \cos 15° = \frac{\sqrt{2 + \sqrt{3}}}{2}.$$

$$\text{tang } 15° = \frac{-1 + \sqrt{1 + 1/3}}{1/\sqrt{3}} = \frac{-1 + \dfrac{\sqrt{4}}{\sqrt{3}}}{1/\sqrt{3}} = 2 - \sqrt{3}.$$

sin 15° = 0,2587...; cos 15° = 0,9657...; tang 15° = 0,267...

15° est le complément de 75°; sin 15° = cos 75°, etc. (Voyez ex. 22 et 29.)

Ex. 41.

J'applique (20) et (22), $\sin\dfrac{a}{2} = \sqrt{\dfrac{0,2}{2}} = \sqrt{0,1} = 0,316\ldots$

$\cos\dfrac{a}{2} = \sqrt{\dfrac{1,8}{2}} = \sqrt{0,9} = 0,948\ldots;$ $\operatorname{tang}\dfrac{a}{2} = \sqrt{\dfrac{1}{9}} = \dfrac{1}{3}.$

Ex. 42.

J'applique (25). q désigne le plus petit des deux arcs :

$p = 73°29'48''$ $\qquad p+q = 112°15'22'';$ $\qquad p-q = 34°44'14''$
$q = 38°45'34''$ $\quad 1/2\,(p+q) = 56°\ 7'41'';$ $\quad 1/2\,(p-q) = 17°22'\ 7''$

$\sin 73°\,29'48'' + \sin 38°\,45'\,34'' = 2\sin 56°\,7'\,41''\cos 17°22'7''.$

Ex. 43.

Il faut remplacer un des arcs par son complément, le 2ᵉ par ex. :

$89°59'60''$ $\quad \cos 64°19'20'' = \sin 25°40'40''$
$64°19'20''$
$\overline{}$ $\quad p = 58°49'52'';$ $\ p+q = 84°30'32'';$ $\ p-q = 33°9'12''$
$25°\,40'40''$

$\qquad\qquad q = 25°40'40'';$ $\ 1/2\,(p+q) = 42°15'16'';$ $\ 1/2\,(p-q) =$
$\qquad\qquad\qquad\qquad\qquad\qquad\qquad\qquad\qquad\qquad 16°34'36''$

$\sin 58°49'52'' - \cos 64°19'20'' = 2\cos 42°\,15'\,16''\sin 16°34'36''.$

Ex. 44.

Il faut encore remplacer un des arcs par son complément

$89°59'60''$ $\quad$ J'applique (30). $p = 54°19'43'';$ $\ q = 49°40'3''$
$40°19'57''$ $\qquad\qquad\qquad\quad p-q = 4°39'40''$

$\operatorname{tg} 54°19'43'' - \cot 40°19'57'' = \dfrac{\sin\ 4°39'40''}{\cos 54°19'43''\cos 49°40'3''}$

Ex. 45.

$$\sec a + \sec b = \frac{1}{\cos a} + \frac{1}{\cos b} = \frac{\cos b + \cos a}{\cos a \cos b} =$$

$$\frac{2 \cos 1/2\,(a+b)\cos 1/2\,(a-b)}{\cos a \cos b},$$

$$\sec a + \csc b = \sec a + \sec (90° - b) =$$
$$\frac{2 \cos 1/2(a+b')\cos 1/2\,(a+b')}{\cos a \sin b},$$

en posant $90° - b = b'$.

Ex. 46.

$$\csc a + \csc b = \frac{1}{\sin a} + \frac{1}{\sin b} = \frac{\sin a + \sin b}{\sin a \sin b} =$$

$$\frac{2 \sin 1/2\,(a+b)\cos 1/2(a-b)}{\sin a \sin b}.$$

Ex. 47.

On a déjà divisé (25) par (26).

Divisons (25) par (27).

$$\frac{\sin p + \sin q}{\cos p + \cos q} = \frac{2 \sin 1/2\,(p+q)\cos 1/2(p-q)}{2 \cos 1/2(p+q)\cos 1/2(p-q)} = \tan \frac{1}{2}\,(p+q)$$

(25) par (28)

$$\frac{\sin p + \sin q}{\cos q - \cos p} = \frac{2 \sin 1/2\,(p+q)\cos 1/2\,(p-q)}{2 \sin 1/2\,(p+q)\sin 1/2\,(p-q)} = \cot \frac{1}{2}\,(p-q)$$

(26 par (27)

$$\frac{\sin p - \sin q}{\cos p + \cos q} = \frac{2 \sin 1/2(p-q)\cos 1/2(p+q)}{2 \cos 1/2(p-q)\cos 1/2(p+q)} = \tan \frac{1}{2}\,(p-q)$$

(26) par (28)

$$\frac{\sin p - \sin q}{\cos q - \cos q} = \frac{2 \sin 1/2(p-q)\cos 1/2(p+q)}{2 \sin 1/2(p-q)\sin 1/2(p+q)} = \cot \frac{1}{2}\,(p+q)$$

(27) par (28)

$$\frac{\cos p + \cos q}{\cos q - \cos p} = \frac{2 \cos 1/2(p+q)\cos 1/2(p-q)}{2 \sin 1/2\,(p+q)\sin 1/2(p-q)} = \frac{\cot 1/2\,(p+q)}{\tan 1/2\,(p-q)}$$

Ex. 48.

$$\frac{\sin 54^\circ + \sin 31^\circ}{\cos 31^\circ - \cos 54^\circ} = \cot \frac{54^\circ - 31^\circ}{2} = \cot 11^\circ 30'.$$

ÉGALITÉS A VÉRIFIER.

Ex. 49.

$\sin(a+b)\sin(a-b) = (\sin a \cos b + \cos a \sin b)(\sin a \cos b - \cos a \sin b) = \sin^2 a \cos^2 b - \cos^2 a \sin^2 b = \sin^2 a(1 - \sin^2 b) - (1 - \sin^2 a)\sin^2 b = \sin^2 a - \sin^2 a \sin^2 b - \sin^2 b + \sin^2 a \sin^2 b = \sin^2 a - \sin^2 b.$

Ex. 50.

$\cos(a+b)\cos(a-b) = (\cos a \cos b - \sin a \sin b)(\cos a \cos b + \sin a \sin b) = \cos^2 a \cos^2 b - \sin^2 a \sin^2 b = \cos^2 a(1 - \sin^2 b) - (1 - \cos^2 a)\sin^2 b = \cos^2 a - \cos^2 a \sin^2 b - \sin^2 b + \cos^2 a \sin^2 b = \cos^2 a - \sin^2 b.$

Ex. 51.

$\text{tg}^2 a - \text{tg}^2 b = (\text{tg} a + \text{tg} b)(\text{tg} a - \text{tg} b)$, ce qui est égal d'après (29)

et (30) à $\dfrac{\sin(a+b)\sin(a-b)}{(\cos a \cos b)^2} = \dfrac{\sin(a+b)\sin(a-b)}{\left(\dfrac{\cos(a+b)+\cos(a-b)}{2}\right)^2} =$

$$\frac{4\sin(a+b)\sin(a-b)}{(\cos(a+b)+\cos(a-b))^2}.$$

On sait que $\cos(a+b) + \cos(a-b) = 2\cos a \cos b$ (n° 34, 3°).

Ex. 52.

$\text{Tang}\dfrac{a}{2} = \text{coséc } a - \cot a.$

En effet ,

$\text{coséc } a - \cot a = \dfrac{1}{\sin a} - \dfrac{\cos a}{\sin a} = \dfrac{1 - \cos a}{\sin a} = \dfrac{2\sin^2 1/2\,a}{2\sin 1/2 a \cos 1/2 a}$

(f. 21 et f. 23) $= \dfrac{\sin 1/2 a}{\cos 1/2 a} = \text{tang}\dfrac{a}{2}.$

2

Ex. 53.

$\mathrm{Cot}\, a = \mathrm{coséc}\, 2a + \cot 2a.$

En effet,

$$\mathrm{coséc}\, 2a + \cot 2a = \frac{1}{\sin 2a} + \frac{\cos 2a}{\sin 2a} = \frac{1 + \cos 2a}{\sin 2a} = \frac{2\cos^2 a}{2\sin a \cos a},$$

$$(\text{f. 16 et 15}) = \frac{\cos a}{\sin a} = \cot a.$$

Ex. 54.

$\mathrm{Cot}\, \dfrac{a}{2} - \mathrm{tang}\, \dfrac{a}{2} = 2\cot a.$

En effet,

$$\cot 1/2\, a - \mathrm{tg}\, 1/2\, a = \frac{\cos 1/2 a}{\sin 1/2 a} - \frac{\sin 1/2 a}{\cos 1/2 a} = \frac{\cos^2 1/2 a - \sin^2 1/2 a}{\sin 1/2 a \cos 1/2 a} =$$

$$\frac{\cos a}{1/2 \sin a}\; (\text{f. 18 et 23}) = \frac{2\cos a}{\sin a} = 2\cot a.$$

Ex. 55.

$\mathrm{Sin}\, x = \sin(36° + x) + \sin(72° - x) - \sin(36° - x) - \sin(72° + x)\ (a)$

En effet, $\sin(36° + x) - \sin(36° - x) = 2\cos 36° \sin x$ (f. 26).

$\mathrm{Sin}(72° - x) - \sin(72° + x) = -2\cos 72° \sin x$ (f. 26) $=$ $-2\sin 18° \sin x$, puisque $72° = 90° - 18°$. En remplaçant dans l'égalité (a), on obtient : $\sin x = 2\cos 36° \sin x - 2\sin 18° \sin x$.

Puis, en simplifiant et transposant, $1 + 2\sin 18° = 2\cos 36°$. (m)

Or $\cos 36° = \cos^2 18° - \sin^2 18°$ (f. 16) $= 1 - 2\sin^2 18°$.

Donc $1 + 2\sin 18° = 2 - 4\sin^2 18°$; d'où $4\sin^2 18° + 2\sin 18° = 1$. (β)

$$\mathrm{Sin}\, 18° = \frac{\sqrt{5} - 1}{4}; \quad \sin^2 18° = \frac{6 - 2\sqrt{5}}{16}.$$

En substituant ces valeurs dans (β), on trouve :

$$\frac{6 - 2\sqrt{5}}{4} + \frac{2\sqrt{5} - 2}{4} = 1, \text{ ce qui est bien vrai.}$$

Ex. 56.

Sin $(90° - x) + \sin(18° - x) + \sin(18° + x) = \sin(54° - x) + \sin(54° + x)$. (n)

Sin $(90° - x) = \cos x$; $\sin(18° - x) + \sin(18° + x) = 2 \sin 18° \cos x$ (f. 25).

Sin $(54° - x) + \sin(54° + x) = 2 \sin 54° \cos x$; $\sin 54° = \cos 36°$.

En substituant les nouvelles valeurs dans l'équation proposée (n) on trouve : $\cos x + 2 \sin 18° \cos x = 2 \sin 54° \cos x = 2 \cos 36° \cos x$, ou en simplifiant, $1 + 2 \sin 18° = 2 \cos 36°$.

C'est l'égalité (m) de l'exercice 55; on achève de même.

Ex. 57.

$$\text{Sin } 3a \sin a = \sin^2 2a - \sin^2 a.$$

En effet, $\sin 3a \sin a = \sin(2a + a) \sin(2a - a)$.

Nous savons (ex. 49) que $\sin(a + b) \sin(a - b) = \sin^2 a - \sin^2 b$; remplaçons a par $2a$ et b par a; nous aurons

$$\sin(2a + a) \sin(2a - a) \quad \text{ou} \quad \sin 3a \sin a = \sin^2 2a - \sin^2 a.$$

Ex. 58.

$$\text{Tang } 3a \tan a = \frac{\tan^2 2a - \tan^2 a}{1 - \tan^2 a \tan^2 2a}.$$

En effet, $\tan 3a \tan a = \tan(2a + a) \tan(2a - a) =$

$$\frac{\tan 2a + \tan a}{1 - \tan a \tan 2a} \times \frac{\tan 2a - \tan a}{1 + \tan a \tan 2a} = \frac{\tan^2 2a - \tan^2 a}{1 - \tan^2 a \tan^2 2a}.$$

Ex. 59.

$$1 + \cos a = 2 \cos^2 \frac{a}{2} \text{ (form. 19)}; \quad 1 - \cos a = 2 \sin^2 \frac{a}{2} \text{ (f. 21)}$$

$$\sqrt{\frac{1 - \cos a}{1 + \cos a}} = \sqrt{\frac{2 \sin^2 1/2\, a}{2 \cos^2 1/2\, a}} = \frac{\sin 1/2\, a}{\cos 1/2\, a} = \tan \frac{a}{2}.$$

Ex. 60.

$$1 + \sin a = 1 + \cos(90° - a) = 2 \cos^2\left(45° - \frac{a}{2}\right) \text{ (f. 19)}$$

$$1 - \sin a = 1 - \cos(90° - a) = 2\sin^2(45° - 1/2\,a).$$

Enfin
$$\sqrt{\frac{1 - \sin a}{1 + \sin a}} = \tang\left(45° - \frac{a}{2}\right).$$

Ex. 61.

$$1 + \tang a = \tang 45° + \tang a = \frac{\sin(45° + a)}{\cos 45° \cos a} \quad \text{(f. 29)}$$

$$1 - \tang a = \tang 45° - \tang a = \frac{\sin(45° - a)}{\cos 45° \cos a} \quad \text{(f. 30)}$$

$$\frac{1 + \tang a}{1 - \tang a} = \frac{\tang 45° + \tang a}{1 - \tang 45° \tang a} = \tang(45° + a) \text{ (f. 13)}.$$

En divisant les deux premières égalités précédentes membre a membre, on doit trouver la troisième. En effet, $\sin(45° - a) = \cos(45° + a)$ puisque $(45° - a) + (45° + a) = 90°$. En mettant $\cos(45° + a)$ à la place de $\sin(45° - a)$, on obtient la vérification.

Ex. 62.

$$\text{Tang } a + \sin a = \frac{\sin a}{\cos a} + \sin a = \frac{\sin a\,(1 + \cos a)}{\cos a} =$$

$$\frac{\sin a \times 2\cos^2 1/2\,a}{\cos a} = 2 \tang a \cos^2 1/2\,a.$$

$$\text{Tang } a - \sin a = \frac{\sin a\,(1 - \cos a)}{\cos a} = 2 \tang a \sin^2 \frac{a}{2}.$$

Ex. 63.

$$\text{Cot } a + \tang a = \frac{\sin a}{\cos a} + \frac{\cos a}{\sin a} = \frac{\sin^2 a + \cos^2 a}{\sin a \cos a} = \frac{1}{\sin a \cos a} = \frac{2}{\sin 2a}$$

$$\text{cot } a - \tang a = \frac{\cos a}{\sin a} - \frac{\sin a}{\cos a} = \frac{\cos^2 a - \sin^2 a}{\sin a \cos a} = \frac{\cos 2a}{1/2 \sin 2a} = 2 \cot 2a.$$

Ex. 64.

$$\text{Séc } a + \text{coséc } a = \frac{1}{\sin a} + \frac{1}{\cos a} = \frac{\sin a + \cos a}{\sin a \cos a} = \frac{\sin a + \sin(90° - a)}{\sin a \cos a} =$$

$$\frac{2 \sin 45° \cos(45° - a)}{\sin a \cos a} = \frac{4 \sin 45° \cos(45° - a)}{\sin 2a}.$$

$$\operatorname{coséc} a - \operatorname{séc} a = \frac{1}{\sin a} - \frac{1}{\cos a} = \frac{\cos a - \sin a}{\cos a \sin a} =$$

$$\frac{\sin(90° - a) - \sin a}{\cos a \sin a} = \frac{2\cos 45° \sin(45° - a)}{\sin a \cos a} = \frac{4\cos 45° \sin(45° - a)}{\sin 2a}$$

$$\operatorname{tang} a + \operatorname{séc} a = \frac{\sin a}{\cos a} + \frac{1}{\cos a} = \frac{1 + \sin a}{\cos a} =$$

$$\frac{2\cos^2(45° - 1/2\,a)}{\cos a} \text{(Ex. 60)}$$

$$\operatorname{séc} a - \operatorname{tang} a = \frac{1 - \sin a}{\cos a} + \frac{2\sin^2(45° - 1/2\,a)}{\cos a}.$$

Ex. 65.

$$\operatorname{Cot} a + \operatorname{coséc} a = \frac{\cos a}{\sin a} + \frac{1}{\sin a} = \frac{1 + \cos a}{\sin a} = \frac{2\cos^2 1/2\,a}{2\sin 1/2 a \cos \frac{1}{2} a} =$$

$$\cot \frac{a}{2}$$

$$\operatorname{coséc} a - \cot a = \frac{1 - \cos a}{\sin a} = \frac{2\sin^2 1/2\,a}{2\sin 1/2 a \cos 1/2 a} = \operatorname{tang} \frac{a}{2}.$$

Ex. 66.

$$\operatorname{Séc} a + 2\sin a = \frac{1}{\cos a} + 2\sin a = \frac{1 + 2\sin a \cos a}{\cos a} = \frac{1 + \sin 2a}{\cos a} =$$

$$\frac{2\cos^2(45° - a)}{\cos a} \text{(Ex. 60.)}$$

$$\operatorname{séc} a - 2\sin a = \frac{1 - 2\sin a \cos a}{\cos a} = \frac{1 - \sin 2a}{\cos a} = \frac{2\sin^2(45° - a)}{\cos a}.$$

Ex. 67.

Tang $a + 2\sin^2 a =$ tang $a + 2$ tang $a \cos a \sin a =$ tang $a\,(1 + 2\sin a \cos a) =$ tang $a\,(1 + \sin 2\,a) = 2$ tang $a \cos^2(45° - a)$ (Ex. 60).

Tang $a - 2\sin^2 a =$ tang $a - 2$ tang $a \cos a \sin a =$ tang $a\,(1 - 2\sin a \cos a) =$ tang $a\,(1 - \sin 2a) = 2$ tang $a \sin^2(45° - a)$.

Nous avons remplacé un des facteurs, sin a, par tang $a \cos a$.

Ex. 68.

$$1 + \sin a + \cos a = 2\cos^2 \frac{a}{2} + \sin a \;(\text{f. 19}) = 2\cos^2 \frac{a}{2} +$$

$$2\sin\frac{a}{2}\cos\frac{a}{2} = 2\cos\frac{a}{2}\left(\cos\frac{a}{2} + \sin\frac{a}{2}\right) = 2\cos\frac{a}{2}\left(\sin\left(90° - \frac{a}{2}\right) +$$

$$\sin\frac{a}{2}\right) = 4\cos\frac{a}{2} \times \sin 45° \cos\left(45° - \frac{a}{2}\right).$$

$$1 + \sin a - \cos a = 1 - \cos a + \sin a = 2\sin^2\frac{a}{2} + 2\sin\frac{a}{2}\cos\frac{a}{2} =$$

$$2\sin\frac{a}{2}\left(\sin\frac{a}{2} + \cos\frac{a}{2}\right) = 4\sin\frac{a}{2}\sin 45° \cos\left(45° - \frac{a}{2}\right).$$

Ex. 69.

Quand $a + b + c = 180°$, $\sin a + \sin b + \sin c = \sin a + \sin b +$

$$\sin(a+b) = 2\sin\frac{a+b}{2}\cos\frac{a-b}{2} + 2\sin\frac{a+b}{2}\cos\frac{a+b}{2} = (\text{f.25 et 23})$$

$$= 2\sin\frac{a+b}{2}\left(\cos\frac{a-b}{2} + \cos\frac{a+b}{2}\right) = 4\sin\frac{a+b}{2}\cos\frac{a}{2}\cos\frac{b}{2}$$

d'après (27) renversée.

Mais $\dfrac{a+b}{2} = \dfrac{180° - c}{2} = 90 - \dfrac{c}{2}$; $\sin\dfrac{a+b}{2} = \cos\dfrac{c}{2}$.

On a donc $\sin a + \sin b + \sin c = 4\cos\dfrac{a}{2}\cos\dfrac{b}{2}\cos\dfrac{c}{2}$. $\quad(m)$

Ex. 70.

Quand $a + b + c = 180°$, $\sin a + \sin b - \sin c = \sin a + \sin b -$

$$\sin(a+b) = 2\sin\frac{a+b}{2}\cos\frac{a-b}{2} - 2\sin\frac{a+b}{2}\cos\frac{a+b}{2} \,(\text{f.25 et 15}) =$$

$$2\sin\frac{a+b}{2}\left(\cos\frac{a-b}{2} - \cos\frac{a+b}{2}\right) = 2\sin\frac{a+b}{2}\sin\frac{a}{2}\sin\frac{b}{2}$$

(d'après (28) renversée); et enfin, $\sin a + \sin b - \sin c = 4\sin\dfrac{a}{2}$

$\sin\dfrac{b}{2}\cos\dfrac{c}{2}$, puisque $\sin\dfrac{(a+b)}{2} = \cos\dfrac{c}{2}$. (Ex. 69) $\quad(n)$

Ex. 71.

$Cos^2 2a - \sin^2 a.$

Nous avons trouvé (ex. 50): $\cos^2 a - \sin^2 b = \cos(a+b)\cos(a-b)$. Remplaçons a par $2a$ et b par a, nous aurons $\cos 2a - \sin^2 a = \cos 3a \cos a$.

$Cos^2(a+b) - \sin^2 a.$ On a trouvé dans l'ex. 50 que $\cos^2 b - \sin^2 a = \cos(a+b)\cos(b-a)$; changeons b en $(a+b)$; nous aurons $\cos^2(a+b) - \sin^2 a = \cos(2a+b)\cos b$.

$Sin^2(a+b) - \sin^2 a.$ On a trouvé dans l'ex. 49 que $\sin^2 b - \sin^2 a = \sin(a+b)\sin(b-a)$. Changeons b en $a+b$, nous aurons $\sin^2(a+b) - \sin^2 a = \sin(2a+b)\sin b$.

Nous avons appliqué les formules des ex. 49 et 50 en supposant $b > a$.

Ex. 72.

$$Cos^2(a+2b) - \sin^2 b.$$

Renversons la formule de l'ex. (50) qui devient : $\cos^2 a - \sin^2 b = \cos(a+b)\cos(a-b)$, et remplaçons-y a seulement par $a+2b$. On obtient ainsi : $Cos^2(a+2b) - \sin^2 b = \cos(a+3b)\cos(a+b)$.

Ex. 73.

$Sin\, x + \cos x = \sin x + \sin(90° - x) = 2\sin 45° \cos(45° - x).$

Le facteur $\cos 45° - x$ est seul variable. Or la plus grande valeur d'un cosinus est 1 qui est $\cos 0°$.

Le maximum a donc lieu quand $45° - x = 0$ ou $x = 45°$. Alors $\cos(45° - x) = 1$, et $\sin x + \cos x = 2\sin 45° = \sqrt{2}$.

ÉGALITÉS A VÉRIFIER POUR LE CAS OU $a+b+c = 180°$ (depuis l'ex. 74 jusqu'à 80 inclus).

Ex. 74.

$2a + 2b + 2c = 360°$; $\sin 2c = -\sin 2(a+b)$.

$Sin\, 2a + \sin 2b + \sin 2c = 2\sin(a+b)\cos(a-b) - 2\sin(a+b)\cos(a+b) = 2\sin(a+b)[\cos(a-b) - \cos(a+b)] = 4\sin c \sin a \sin b$.

$+b=180°-c$; $\sin(a+b)=\sin c$. Nous avons appliqué successivement les form. 25, 15 et 27 renversée.

Remarque. On démontre de même la formule

$$\sin 2a+\sin 2b-\sin 2c=4\cos a\cos b\sin c.$$

Ex. 75.

$$\text{Cos}^2 a+\cos^2 b+\cos^2 c+2\cos a\cos b\cos c=1. \qquad (p)$$

$a+b+c=180°$ donne $\cos c=\cos 180°-(a+b)=$
$$-\cos(a+b)=\sin a\sin b-\cos a\cos b,$$
d'où on déduit $\cos c+\cos a\cos b=\sin a\sin b$; puis

$$(\cos c+\cos a\cos b)^2 \text{ ou } \cos^2 c+\cos^2 a\cos^2 b+2\cos c\cos a\cos b=$$
$$\sin^2 a\sin^2 b.$$

Mais $\quad \sin^2 a\sin^2 b=(1-\cos^2 a)(1-\cos^2 b)=$
$$1-\cos^2 a-\cos^2 b+\cos^2 a\cos^2 b.$$

En substituant cette valeur dans l'égalité précédente, puis effaçant de part et d'autre $\cos^2 a\cos^2 b$, il vient

$$\cos^2 c+2\cos a\cos b\cos c=1-\cos^2 a-\cos^2 b;$$
d'où $\quad \cos^2 a+\cos^2 b+\cos^2 c+2\cos a\cos b\cos c=1.$ C. Q. F. D.

Ex. 76.

$$\text{Sin}^2\frac{a}{2}+\sin^2\frac{b}{2}+\sin^2\frac{c}{2}+2\sin\frac{a}{a}\sin\frac{b}{2}\sin\frac{c}{a}=1. \quad (p')$$

$$\frac{1}{2}a+\frac{1}{2}b+\frac{1}{2}c=90°; \quad \cos\left(\frac{1}{2}a+\frac{1}{2}b\right)=\sin\frac{1}{2}c.$$

$$\text{Cos}\frac{1}{2}a\cos\frac{1}{2}b-\sin\frac{1}{2}a\sin\frac{1}{2}b=\sin\frac{1}{2}c;$$

d'où $\quad \left(\sin\frac{1}{2}c+\sin\frac{1}{2}a\sin\frac{1}{2}b\right)^2=\cos^2\frac{1}{2}a\cos^2\frac{1}{2}b.$ Etc.

On achève comme dans l'ex. 75.

Ex. 77.

$$\text{Cos}\,a+\cos b+\cos c=1+4\sin\frac{a}{2}\sin\frac{b}{2}\sin\frac{c}{2}. \quad (p'')$$

On sait que $\cos a = 1 - 2\sin^2\frac{a}{2}$, etc. D'après cela, doublons les deux membres de l'égalité précédente (p'), ex. 76, et retranchons-les ensuite tous deux de $+3$ ou de $1+1+1$;

$$\left(1 - 2\sin^2\frac{a}{2}\right) + \left(1 - 2\sin^2\frac{b}{2}\right) + \left(1 - 2\sin^2\frac{c}{2}\right) -$$
$$4\sin\frac{a}{2}\sin\frac{b}{2}\sin\frac{c}{2} = 3 - 2 = 1,$$

d'où $\quad \cos a + \cos b + \cos c = 1 + 4\sin\frac{a}{2}\sin\frac{b}{2}\sin\frac{c}{2}.$ (C. Q. F. D.)

Ex. 78.

$$\text{Cos } 2a + \cos 2b + \cos 2c + 4\cos a \cos b \cos c + 1 = 0.$$

Soit $2a = 180° - a'$; $2b = 180° - b'$; $2c = 180° - c'$, et $a' + b' + c' = 180°$.

$2a + 2b + 2c = 3 \times 180° - (a' + b' + c') = 2 \times 180°$; $a + b + c = 180°$.

$-\cos 2a = \cos a'$; $-\cos 2b = \cos b'$; $-\cos 2c = \cos c'$;

$a = 90° - 1/2\, a'$, etc. ; $\cos a = \sin 1/2\, a'$; $\cos b = \sin 1/2\, b'$; etc.

Mais puisque $a' + b' + c' = 180°$, on a

$$\cos a' + \cos b' + \cos c' = 1 + 4\sin\frac{a'}{2}\sin\frac{b'}{2}\sin\frac{c'}{2}. \quad \text{(Ex. 77)}$$

En remplaçant $\cos a'$ par $-\cos 2a$, etc. ; $\sin 1/2\, a'$ par $\cos a$, etc. ; on trouve

$$-\cos 2a - \cos 2b - \cos 2c = 1 + 4\cos a \cos b \cos c,$$

d'où résulte l'égalité à vérifier.

Ex. 79.

$$\text{Tang } (a+b) = -\tan(180° - (a+b)) = -\tan c,$$

ou $\qquad -\tan c = \dfrac{\tan a + \tan b}{1 - \tan a \tan b}.$

d'où $\quad -\tan c + \tan a \tan b \tan c = \tan a + \tan b$;

d'où $\quad \tan a + \tan b + \tan c = \tan a \tan b \tan c.$ $\quad (r)$

Ex. 80.

$$\cot a \cot b + \cot a \cot c + \cot b \cot c = 1. \qquad (s)$$

$a + b + c = 180°$ donne

$$-\cot c = \cot(a + b) = \frac{\cot a \cot b - 1}{\cot a + \cot b};$$

d'où $\qquad -\cot a \cot c - \cot b \cot c = \cot a \cot b - 1;$

d'où $\qquad 1 = \cot a \cot b + \cot a \cot c + \cot b \cot c. \qquad (s)$

Égalités à vérifier pour le cas où $a+b+c=90°$,
depuis l'ex. 81 jusqu'à l'ex. 84 inclus.

Ex. 81.

$$\tan a \tan b + \tan a \tan c + \tan b \tan c = 1;$$

$a + b + c = 90°$ donne

$$\cot c \quad \text{ou} \quad \frac{1}{\tan c} = \tan(a + b) = \frac{\tan a + \tan b}{1 - \tan a \tan b},$$

ou $\qquad \tan c = \frac{1 - \tan a \tan b}{\tan a + \tan b};$

d'où on déduit notre égalité.

Ex. 82.

$$\cot a + \cot b + \cot c = \cot a \cot b \cot c.$$

$a + b + c = 90°$ donne

$$\tan c \quad \text{ou} \quad \frac{1}{\cot c} = \cot(a + b) = \frac{\cot a \cot b - 1}{\cot a + \cot b},$$

ou $\qquad \cot c = \frac{\cot a + \cot b}{\cot a \cot b - 1};$

d'où $\qquad \cot a \cot b \cot c - \cot c = \cot a + \cot b;$

d'où $\qquad \cot a + \cot b + \cot c = \cot a \cot b \cot c.$

Ex. 83.

$$\sin^2 a + \sin^2 b + \sin^2 c + 2\sin a \sin b \sin c = 1.$$

$a + b + c = 90°$ donne

$$\sin c = \cos(a + b) = \cos a \cos b - \sin a \sin b;$$

d'où $\qquad (\sin c + \sin a \sin b) = \cos^2 a \cos^2 b,$

ou $\sin^2 c + \sin^2 a \sin^2 b + 2\sin a \sin b \sin c = (1 - \sin^2 a)(1 - \sin^2 b) =$
$$1 - \sin^2 a - \sin^2 b + \sin^2 a \sin^2 b.$$

En réduisant et en transposant, on obtient l'égalité proposée.

Ex. 84.

$$c = 90° - (a + b) \quad \text{et} \quad 2c = 180° - 2(a + b).$$
$$\text{Sin} 2a + \sin 2b = 2\sin(a + b)\cos(a - b) \quad \text{(f. 25)}$$
$$\text{Sin} 2c = \sin 2(a + b) = 2\sin(a + b)\cos(a + b) \quad \text{(f. 15)}$$
$$\text{Sin} 2a + \sin 2b + \sin 2c = 2\sin(a + b)\cos(a - b) +$$
$$2\sin(a + b)\cos(a + b) = 2\sin(a + b)[\cos(a - b) + \cos(a + b)] =$$
$$4\cos c \cos a \cos b \quad \text{(f. 26)}, \quad \text{puisque } \sin(a + b) = \cos c.$$

REMARQUE. Toutes les égalités précédentes concernant le cas de $a + b + c = 90°$ peuvent se déduire des égalités qui concernent le cas de $a + b + c = 180°$. Prenons pour exemple l'exercice 81.

Soient $a = 90° - a'$; $b = 90° - b'$; $c = 90° - c'$, et $a' + b' + c' = 180°$.
$a + b + c = 3 \times 90° - (a' + b' + c') = 3 \times 90° - 180° = 90°$; $\text{tang} a = \cot a'$,
$\qquad \text{tang} b = \cot b'$; $\text{tang} c = \cot c'$. Mais puisque $a' + b' + c' = 180°$;

on a $\qquad \cot a' \cot b' + \cot a' \cot c' + \cot b' \cot c' = 1.$

En remplaçant $\cot a'$ par $\text{tang} a$, etc., on obtient l'égalité à vérifier.

De même pour les exercices 82, 83 et 84, dont les égalités se déduisent de la même manière des égalités (r) ex. 79, (p) ex. 75, et (k) ex. 74.

Nous faisons cette remarque parce qu'on peut ainsi déduire d'autres exercices relatifs à $a + b + c = 90°$ de ceux qu'on aura faits pour $a + b + c = 180°$.

Usage des tables.

Ex. 85.

$$\sin x = 0,587, \quad x = 35°56'39'',8$$
$$\log 0,587 = \overline{1},7686381$$

$$095$$

$$\frac{2860}{2500} \bigg| \frac{290}{9,8}$$

Ex. 86.

$$\sin x + 2\cos x = 0, \quad \sin x = -2\cos x, \quad \tang x = -2.$$

x est compris entre 90° et 180°; il faut chercher son supplément 180°−x; $\tang 180°−x = -\tang x = 2.$

$$\text{Log} \tang (180°−x) = \log 2 = 0,3010300$$

$$180°−x = 63°26'5'',8 \qquad \frac{09994}{3060} \bigg| \frac{526}{5,8}$$
$$4300$$

Ex. 87.

$$\sin x + \sin y = 1,4783; \quad \cos x − \cos y = 0,1937$$
$$\sin x + \sin y = 2\sin 1/2\,(x+y)\cos 1/2\,(y−x)$$
$$\cos x − \cos y = 2\sin 1/2\,(x+y)\sin 1/2\,(y−x)$$
$$\frac{\sin x + \sin y}{\cos x − \cos y} = \frac{1,4783}{0,1937} = \cot \frac{y−x}{2}$$
$$\log 1,4783 = 0,1697626; \quad \log 0,1937 = \overline{1},2871296$$
$$− \log 0,1937 = \underline{0,7128704}$$
$$\log \cot \frac{y−x}{2} = 0,8826330$$

$$\frac{y−x}{2} = 7°27'53'',5 \qquad \frac{6910}{5800} \bigg| \frac{1634}{3,5}$$
$$8980$$

Connaissant $1/2\,(y−x)$, il faut chercher $1/2\,(y+x)$.

$$\sin x + \sin y \text{ ou } 1,4783 = 2\sin 1/2\,(x+y)\cos 1/2\,(y−x)$$
$$\log \sin 1/2\,(y+x) = \log 1,4783 − \log 2 − \log \cos 1/2\,(y−x)$$

$$\log 1,4783 = 0,1697626$$
$$-\log 2 = \overline{1},6989700$$
$$-\log \cos \frac{y-x}{2} = 0,0036973$$

$$\log \sin 1/2\,(y+x) = \overline{1},8724299$$

$$\log \cos 1/2\,(y-x) = \overline{1},9963027$$

$$\quad 2,7$$
$$3018 \quad 3,5$$
$$1,35 \overline{}$$
$$8,1$$

$$148$$

$$1/2(y+x) = 48° 11' 57'',4 \quad 1510 \quad \Big| \quad 189$$
$$1/2(y-x) = 7° 27' 53'',5 \quad 1870 \quad \Big| \quad \overline{7,9}$$

$$y = 55° 39' 50'',9$$
$$x = 40° 44' \; 3'',9$$

Ex. 88.

$$\tan x = \tan a + \tan b = \frac{\sin(a+b)}{\cos a \cos b} \quad \text{(f. 29)}$$

$$a = 43°18'37''; \quad b = 64°27'19''; \quad (a+b) = 107°45'56'',$$
$$\sin(a+b) = \sin[180° - (a+b)] = \sin 72°14'4''.$$

$$\log \sin(a+b) = \overline{1},9787797$$
$$-\log \cos a = 0,1380776$$
$$-\log \cos b = 0,3653057$$

$$\log \tan x = 0,4821630$$
$$0977$$

$$6530$$
$$1580$$

$$\cdots\cdots \quad 27,2$$

$$\log \cos a = \overline{1},8619224$$

$$\log \cos b = \overline{1},6346943$$

$$\quad\quad 6,8$$
$$7770 \quad 4$$
$$\overline{}$$

$$\quad\quad 19,9$$
$$9164 \quad 3$$
$$59,7 \overline{}$$

$$\quad\quad 44,1$$
$$6899 \quad 1$$
$$44,1 \overline{}$$

$$708$$
$$\overline{9,2}$$

Rép. $\quad x = 71° 45' 49'',2$

Ex. 89.

$$\tan x = 1 + \sin a, \quad a = 47°18'24''; \quad Rép. \quad x = 60°2'31'',5$$
$$1 + \sin a = 1 + \cos(90° - a) = 2\cos^2(45° - 1/2a)$$
$$1/2\,a = 23°39'12'', \quad 45° - 1/2a = 21°20'48''$$

$$\log 2 = 0,3010300$$
$$2 \log \cos = \overline{1},9382678$$

$$0,2392978$$
$$03$$

$$x = 60°2'31'',5 \quad 750$$
$$2630$$

$$\log \cos 21°20'48'' = \overline{1},9691339$$

$$\quad\quad 8,2$$
$$1323 \quad 2$$
$$16,4 \overline{}$$

$$\Big| \quad 487$$
$$\Big| \quad \overline{1,5}$$

Ex. 90.

$$\frac{1,478}{1,03} = \frac{\sin x + \sin y}{\cos x + \cos y} = \tang \frac{1}{2}(x+y).$$

Log 1,478 = 0,1696744   log 1,03 = 0,0128372

— log 1,03 = $\overline{1}$,9871628

log tang 1/2$(x+y)$ = 0,1568372

$\frac{x+y}{2} = 55° 7' 40'',2.$ $\frac{63}{900} \Big| \frac{449}{0,2}$

Cherchons $\frac{1}{2}(x-y)$;

$\sin x + \sin y$ ou 1,478 = 2 sin 1/2 $(x+y)$ cos 1/2 $(x-y)$.

Log cos 1/2 $(x-y)$ = log 1,478 — log 2 — log sin 1/2 $(x+y)$.

log 1,478 = 0,1696744

= log 2 = $\overline{1}$,6989700

— log sin 1/2 $(x+y)$ = 0,0869586

log cos 1/2 $(x-y)$ = $\overline{1}$,9556030

087

1/2 $(x-y)$ = 25°28'5'',7 $\frac{570}{700} \Big| \frac{100}{5,7}$

$\log \sin \frac{x+y}{2} = \overline{1}$,9140414   0411   14,7

    2,94   0,2

1/2 $(x+y)$ = 55° 7' 40'',2

1/2 $(x-y)$ = 25° 28' 5'',7

Rép. $\begin{cases} x = 80° 35' 45'',9 \\ y = 29° 39' 34'',5 \end{cases}$

Ex. 91.

Sin $x = 3/5 = 0,6$.

Log 0,6 = $\overline{1}$,7781512 = log sin 36° 52'11'',6.

$\frac{1467}{450} \Big| \frac{281}{1,6}$

1690

Ex. 92.

Cos $x = -5/9$; cos $(180° - x) = 5/9$. Rép. $x = 123° 44' 56'',4$.

Log 5 = 0,6989700; log 9 = 0,9542425

− log 9 = $\overline{1}$,0457575

log cos = $\overline{1}$,7447275   180°−x= 56°15' 3",6

           390   x=123°44'56",4

         1150 | 315

         2050 | 3,6

Ex. 93.

Cos x = 0,7. x = 45° 34' 22",7.

Log 0,7 = $\overline{1}$,8450980

         1040 | 215

         600 | 2,7

         1700 |

Tang y = 1,4 y = 54° 27' 44",3

Log 1,4 = 0,1461280 = log tang 54°27'44",3

        1086 | 445

        1940 | 4,3

        1600 |

Séc z = −1,8; cos z = − $\dfrac{1}{1,8}$ = − $\dfrac{10}{18}$ = − $\dfrac{5}{9}$.

C'est le cosinus donné dans l'ex. 92. On trouve de même
z = 123° 44' 56",4.

Ex. 94.

log b = 3,4029265   9145

− log a = $\overline{4}$,4005733   120

log sin x = $\overline{1}$,8034998   log a = 3,5994267   4245

         850   22

$\dot{x}$ = 39° 29' 55",8   1480 | 255

                 2050 | 5,8

Ex. 95.

$$\log b = 2.7765828$$
$$- \log \cos C = 0,3188925$$

$$\log a = 3,0954753$$
$$483$$

$$a = 1246,87 \qquad 270$$

$$\dots \dots \dots \dots \quad 5777$$
$$51$$

$$\log \cos C = \overline{1},6811075 \qquad \begin{matrix} & 38,5 \\ 0971 & \\ 26,95 & 2,7 \\ 77,0 & \end{matrix}$$

Ex. 96.

$$1 - \cos x = 2\sin^2 \frac{1}{2} \quad x = \frac{2\sin 47°19'43''}{\cos 17°32'53''7} = \frac{2\sin a}{\cos b}$$

$$\log \sin \frac{x}{2} = \frac{1}{2} [\log \sin 47°19'43'' - \log \cos 17°32'53'',7]$$

$$\log \sin a = \overline{1},8310877$$
$$-\log \cos b = 0,0206960$$

$$\log \sin \frac{x}{2} = \overline{1},8517837$$

$$679$$

$$\frac{x}{2} = 45°18'17'',5 \qquad \begin{matrix} 1580 \\ 117 \end{matrix} \Big| \begin{matrix} 209 \\ 7,5 \end{matrix}$$

$$\dots \dots \dots \dots \quad \begin{matrix} & 22,9 \\ 0808 & \\ 68,7 & 3 \end{matrix}$$

$$\log \cos 17° \dots = \overline{1},9793040 \qquad \begin{matrix} & 6,7 \\ 2998 & \\ 2,01 & 6,3 \\ 40,2 & \end{matrix}$$

$$x = 90°36'35''$$

RÉSOLUTION DES TRIANGLES RECTANGLES.

Les tableaux du livre étant très-développés et bien expliqués, il est inutile que nous les recommencions ici pour les cas généraux. Les élèves devront disposer chaque résolution de triangle comme nous l'avons fait. Nous indiquons les résultats.

Ex. 97.

RÉP. $C = 47°22'1'',1$; $c = 28765,5$; $b = 26396,9$.

Ex. 98.

RÉP. $B = 50°36'46'',1$; $C = 39°23'13'',9$; $c = 3091,92$.

Ex. 99.

RÉP. $C = 39°34'59'',1$; $a = 36087,38$; $b = 22970,47$.

Ex. **100.**

Rép. $B = 38°29'5'',8$; $C = 51°30'54'',2$; $a = 3046,20$.

Ex. **101.**

$$a = 5849; \quad \frac{b}{c} = \frac{8}{5} = 1,6;$$

$$\frac{b}{c} = \tang B = 1,6, \quad \log \tang B = 0,2041200;$$

$$0,2041200 = \log \tang 57°59'40'',6$$

$$\frac{1171}{\begin{array}{c|c} 2900 & 468 \\ 92 & 0,6 \end{array}}$$

$$B = 57°59'40'',6, \quad C = 32°0'19'',4.$$
$$b = a \sin B; \quad \log b = \log a + \log \sin B$$

$\log a = 3,7670816$
$\log \sin B = \overline{1},9283950$
$\overline{\log b = 3,6954766}$

$$\begin{array}{r} 29 \\ \hline 37 \end{array}$$

$b = 49599,4$

$$3942 \quad \begin{array}{r} 13,1 \\ 0,6 \\ \hline \end{array}$$
$$7,86$$

$c = 5/8$ de b. Cherchons-le autrement pour vérification
$$c = a \cos B; \quad \log c = \log a + \log \cos B.$$

$\log a = 3,7670816$
$\log \sin B = \overline{1},7242751$
$\overline{\log c = 3,4913567}$

$$\begin{array}{r} 477 \\ \hline 90 \end{array}$$

$c = 30999,63$

$$2434 \quad \begin{array}{r} 33,7 \\ 9,4 \\ \hline \end{array}$$
$$13,48$$
$$303 \ 3$$

$c \times 1,6 = 49599,408$ (Vérification)

Ex. **102.**

$B - C = 14°19'38'',2, \quad 1/2 \ (B + C) = 45°$
$B + C = 90° \qquad\qquad 1/2 \ (B - C) = 7°9'49'',1$

$$\overline{\, C = 37°50'10'',9}$$
$$B = 52°9'49'',1$$

Connaissant a, B et C, on est ramené au 1er cas,

$$b = 470,575; \quad c = 365,4945.$$

Ex. 103.

Rép. C$=40°14'25''$; B$=49°45'35''$; $a=3113,27$; $c=2011,15$.

$c = a \sin C$; donc $\sin C = \dfrac{c}{a} = \dfrac{1}{1,548}$; $\log \sin C = -\log 1,548$.

$\log 1,548 = 0,1897710$; $\log \sin C = \bar{1},8102290$

164	249
1260	5,0
150	

B $= 49°45'35''$ C $= 40°14'25''$

On connaît b, B et C. On est ramené au 3e cas.

Ex. 104.

Rép. $a = 811,145$; $c = 562,555$;   B $= 46°5'22'',7$; C $= 43°54'37'',3$.

On donne $b = 584,37$; $a - c = 248,59$.

$$b^2 = a^2 - c^2 = (a-c)(a+c); \quad a + c = \frac{b^2}{a-c} = \frac{(584,37)^2}{248,59}.$$

$$\log(a+c) = 2\log 584,37 - \log 248,59.$$

$\log 584,37 = 2,7666879$ $2\log b = 5,5333758$

$\log 248,59 = 2,3954837$ $-\log(a-c) = \bar{3},6045163$

$\frac{1}{2}(a+c) = 686,85$ $\log(a+c) = 3,1378921$

$\frac{1}{2}(a-c) = 124,295$ $a+c = 1373,70$ $\dfrac{19}{2}$

Rép. $\begin{cases} a = 811,145 \\ c = 562,555 \end{cases}$

$b = a \sin B$. Log $\sin B = \log b - \log a$.

$\log b = 2,7666879$

$-\log a = \bar{3},0909015$ $2,9090985$ 0958

$\log \sin B = \bar{1},8575894$ 27

$$B = 46^d\ 5'22'',7$$
$$C = 43°54'37'',3$$

Ex. 105.

Rép. $a = 2494,55$; $c = 2138,42$; $B = 30°59'32'',2$; $C = 59°0'27'',8$.

$$\begin{array}{ll} b+c-a = & 928,37 \\ b = & 1284,50 \\ \hline a-c = & 356,13 \text{ (reste).} \end{array} \qquad a-c = b-(b+c-a)$$

Connaissant b et $a-c$, on est dans le cas de l'exercice précédent, et on résout exactement de la même manière.

$$a+c = \frac{b^2}{a-c}; \qquad \log b = 3,1087341; \qquad 2\log b = 6,2174682$$
$$\log(a-c) = 2,5516086; \quad -\log(a-c) = \overline{3},4483914$$
$$\log(a+c) = 3,6658596$$
$$29$$
$$a+c = 4632,97 \qquad \overline{67}$$

$$1/2(a+c) = 2316,485$$
$$1/2(a-c) = 178,065$$
$$\overline{\qquad}$$
$$a = 2494,550 \qquad \qquad \log b = 3,1087341$$
$$c = 2138,42 \qquad \qquad -\log a = \overline{4},6030078$$

$$B = 30°59'32'',2 \qquad \qquad \log\sin B = \overline{1},7117419$$
$$C = 90° - B. \qquad \qquad 342$$
$$\overline{\qquad} \quad |\ 350$$
$$770\ |$$
$$700\ |\ 2,2$$

Ex. 106.

Rép. $C = 38°40'16'',4$; $a = 6361,42$; $b = 4966,64$; $c = 3974,94$.

On donne $B = 51°19'43'',4$ et $b+c = 8941,58$.

$$b = a \sin B; \quad c = a \cos B; \quad b + c = a(\sin B + \cos B) =$$
$$a(\sin B + \sin(90° - B)) = 2a \sin 45° \cos(45° - B).$$
$$b + c = a\sqrt{2} \cos 6° 19' 43'',4.$$
$$\log a = \log(b + c) - 1/2 \log 2 - \log \cos 6° 19' 43'',4.$$

$\log(b+c) = 3,9514143$ ········· 4104

$-1/2 \log 2 = \overline{1},8494850$ 39

$-\log \cos(45° - B) = 0,0026548$ $\log 2 = 0,3010300; \; 1/2 \log 2 = 0,1505150$

$\log a = \overline{3,8035541}$

527   2,3

14      $\log \cos 6° \text{ etc.} = \overline{1},9973452$ 3437   6,6

$a = 6361,42$ 1,38

     13,8

Connaissant a et B, on est ramené au **2°** cas. Il suffit de trouver $b = a \sin B$.

$\log a = 3,8035541$ 16,9

$\log \sin B = \overline{1},8925085$ ········ 5028   3,4

$\log b = 3,6960626$ 6,76

592   50,7

$b = 4966,64$ 34 $c = (b + c) - b = 3974,94$

Ex. **107.**

Rép.   B $= 16° 57' 31'',2$;   C $= 73° 2' 28'',2$; $b = 2799,048$; $c = 9178,952$.

On donne $a = 9596,24$; $b + c = 11978$.

$b + c = a(\cos B + \sin B) = a\sqrt{2} \cos(45° - B).$ (V. l'exerc. 106.)

Donc $\log \cos(45° - B) = \log(b + c) - \log a - 1/2 \log 2.$

$\log(b+c) = 4,0783843$ 0993

$-\log a = \overline{4},0178989$ ····· $\log a = 3,9821011$ 18

(Ex. 106) $-1/2 \log 2 = \overline{1},8494850$

$\log \cos(45° - B) = \overline{1},9457682$

781

990 | 112

940 | 8,8

$45° - B = 28° 2' 28'',8$

$B = 16° 57' 31'',2$ $C = 73° 2' 28'',8$

$$b = a \sin B; \quad \log b = \log a + \log \sin B.$$

$\log a = 3,9821011$

$\log \sin B = \overline{1},4649093$

$\log b = 3,4470104$

0029

$b = 2799,048$

75

$\cdots\cdots\cdots\cdots\cdots \quad 9010$

$13,80$

$69,0$

$69,0$

$1,2$

$c = (b+c) - b = 9178,952$

Vérification. $b - c = a(\sin B - \cos B) = 2a \cos 45° \sin(45° - B) = a\sqrt{2} \sin(45° - B)$. On cherche $b - c$ et on en déduit b et c.

Ex. 108.

Rép. $C = 48°40'17''; a = 2967,775; c = 2228,605; b = 1959,85.$

On donne $\quad B = 41°19'43, \quad a + c = 5196,38,$

$$a + c = a + a \cos B = a(1 + \cos B) = 2a \cos^2 1/2 B,$$
$$\log a = \log(a+c) - \log 2 - 2\log \cos 1/2B.$$

On calcule a, puis $c = (a + c) - a$, et enfin $b = a \sin B$.

Ex. 109.

Rép. $C = 28°40'12'', a = 1146,172, c = 549,892, b = 1005,545.$

On donne $\quad B = 61°19'48'', \quad a - c = 596,28,$

$$a - c = a - a \cos B = a(1 - \cos B) = 2a \sin^2 1/2B,$$
$$\log a = \log(a - c) - \log 2 - 2\log \sin 1/2B.$$

On calcule a, puis $c = a - (a - c)$, et enfin $b = a \sin B$.

Ex. 110.

Rép. $C = 49°40'16'',8; a = 2473,526; b = 1600,794; c = 1865,680.$

On donne $B = 40°19'43'',2$, et $a + b + c = 5960.$

$$a + b + c = a + a \sin B + a \cos B = a(1 + \sin B + \cos B),$$

ou $\quad a + b + c = 4a \cos 45° \cos \dfrac{B}{2} \cos \left(45° - \dfrac{B}{2}\right)$ (ex. 68) $=$

$$a\sqrt{8} \cos \dfrac{B}{2} \cos \left(45° - \dfrac{B}{2}\right).$$

$$\log a = \log(a + b + c) - \frac{1}{2}\log 8 - \log \cos \dfrac{B}{2} - \log.\cos\left(45° - \dfrac{B}{2}\right).$$

On calcule a, puis $b = a \sin B$, et $c = (a + b + c) - (a + b)$,

Ou mieux, on calcule $c = a \cos B$, puis on additionne, pour vé-rifier, a, b et c. La vérification donne $a + b + c = 5960$.

Ex. 111.

On donne le rayon R du cercle circonscrit et le rayon r du cercle inscrit.

L'hypoténuse a est le diamètre du cercle circonscrit $a = 2R$; on connaît donc a.

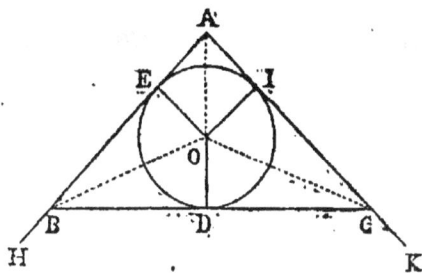

Le cercle O étant le cercle in-scrit, on sait que $AI = AE$; $DB = BE$; $DC = CI$. Le péri-mètre $2p$ du triangle se compose donc de $2AE + 2BD + 2CD$; par suite $p = AE + BD + CD = AE + a$; d'où $AE = p - a$; on au-rait de même $BD = p - b$ et $CD = p - c$. Les triangles rectangles AEO, BOD, COD donnent

$$OE = AE \tan \frac{A}{2}; \quad OD = BD \tan \frac{B}{2}; \quad OD = CD \tan \frac{C}{2};$$

ou $\quad r = (p - a) \tan \frac{A}{2} = (p - b) \tan \frac{B}{2} = (p - c) \tan \frac{C}{2}. \quad (m)$

Ces égalités sont très-utiles pour résoudre un triangle quelcon-que quand on donne r.

Quand le triangle est rectangle en A, $1/2 A = 45°$; par suite $r = p - a$; $2r = 2p - 2a = a + b + c - 2a = b + c - a$; d'où $b + c = 2r + 2R$.

On connaît donc a et $b + c$. C'est le cas de l'exercice 107. On achève comme dans cet exercice.

Ex. 112.

On donne r et B; par suite C.

D'après l'exercice 111, $r = p - a$; $r = (p - b) \tan \frac{B}{2}$; $r = (p - c) \tan \frac{C}{2}$. On trouvera donc aisément $p - a$, $p - b$ et $p - c$, et par suite p qui est leur somme.

$$p - a + p - b + p - c = 3p - (a + b + c) = 3p - 2p = p.$$

Connaissant p, on calcule $a = p - (p - a)$; $b = p - (p - b)$ et $c = p - (p - c)$.

Ex. 113.

On donne r et $\dfrac{b}{c}$.

$\dfrac{b}{c} = $ tang B. On calculera d'abord B, puis C.

Cela fait, on est ramené à l'exercice 112. On achève comme dans cet exercice.

Ex. 114.

On donne a et $b \times c$

$b = a \sin B$; $c = a \cos B$; $2b \times c = 2a^2 \sin B \cos B = a^2 \sin 2B$.

On calcule 2B, puis B, puis C, et enfin b et c.

Ex. 115.

Rép. S = 9186408.

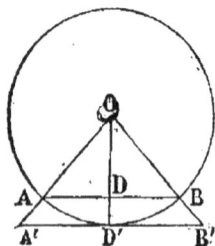

Soit AB le côté du pentédécagone. L'aire du triangle $AOB = AD \times QD = R \sin 1/2 \, AOB \times R \cos 1/2 \, AOB = 1/2 \, R^2 \times 2 \sin 1/2 \, AOB \cos 1/2 \, AOB = 1/2 \, R^2 \sin AOB.$

$$AOB = \frac{360°}{15} = 24°.$$

L'aire cherchée $S = 15 AOB = \dfrac{15 R^2 \sin 24°}{2}.$

On remplace R par sa valeur, et on applique les logarithmes.

$$\text{Log } 2S = \log 15 + 2 \log 548,764 + \log \sin 24°.$$

Ex. 116.

En raisonnant comme dans l'exercice 115, (même figure), on

trouve que surface AOB $= \dfrac{R^2}{2}$ sin AOB. Or AOB $= \dfrac{360°}{n}$ et l'aire

cherchée $= n$AOB.

$$S = \frac{nR^2}{2}\sin\frac{360°}{n} \quad \text{ou} \quad \frac{nR^2}{2}\sin\frac{2\pi}{n} \qquad (\alpha).$$

Ex. 117.

Rép. S $= 347986^{mq}$.

Soient cercle O le cercle circonscrit, A'B' le côté du dodéca-gone régulier circonscrit et OD' de l'apothème.

Triangle A'OB' $=$ OD' $\times$ A'D' $=$ R $\times$ R tang $\dfrac{A'OB'}{2}$.

La surface cherchée S $= 12R^2$ tang $\dfrac{A'OB'}{2}$.

$$A'OB' = \frac{360°}{12} = 30°; \quad \frac{A'OB'}{2} = 15°.$$

S $= 12R^2$ tang $15°$. Il n'y a plus qu'à appliquer les logarithmes en prenant R $= 328,976$.

Ex. 118.

En raisonnant comme dans l'exercice 117, on trouve

Triangle A'OB' $=$ R^2 tang $\dfrac{A'OB'}{2} =$ R^2 tang $\dfrac{360°}{2n} =$ R^2 tang $\dfrac{180°}{n}$.

L'aire du polygone S $= n$A'OB'.

$$S = nR^2 \text{ tang} \frac{180°}{n} \qquad (\beta).$$

Ex. 119.

Rép. $\qquad$ R $= 11,4846$; $\quad$ R $= 12,0277$.

Soient R et R' les rayons cherchés.

En remplaçant S par $428,56$, et n par 10 dans la formule (β) de l'exercice 117, on a

$\quad$ $428,56 = 10R^2$ tang $18°$; ou $42,856 =$ R^2 tang $18°$.

D'où $\log R = \dfrac{1}{2} (\log 42{,}856 - \log \tan 18°)$.

En remplaçant de même S par 428,56, n par 10 et R par R' dans la formule (α) de l'Ex. 115, on a

$$428{,}56 = 5\,R'^2 \sin 36°.$$

$$\log R' = \dfrac{1}{2} (\log 428{,}56 - \log 5 - \log \sin 36°).$$

Résolutions de triangles quelconques.

Nous ne donnerons pas les tableaux des calculs pour les cas or- dinaires. Les devoirs devront être disposés comme nos tableaux des mêmes cas.

Ex. 120.

Rép. A = 87° 54′ 28″; B = 54° 57′ 27″,6; C = 37°8′4″, 4; S = 8600317^{mq}.

Ex. 121.

Rép. A = 83° 50′ 20″,9; B = 51° 10′ 55″,8; c = 2672,874; S = 3914765^{mq}.

Ex. 122.

Errata. L'angle donné C = 63° 5′ 4″, 4.

Rép. A = 62°16′23″; b = 219,8565; c = 240,3767; S = 23390,5.

Ex. 123.

Rép. A = 77°33′31″,6; B = 43° 41′ 1″,6; c = 65365; S = 1711112000^{mq}, (*avec l'approximation que donnent les tables*).

Ex. 124.

Rép. a = 92,7096, b = 101,059; c = 89,2826.

On donne la surface S et les angles.

On a trouvé n° 89 du cours $2S = \dfrac{a^2 \sin B \sin C}{\sin A}$.

Donc $a^2 = \dfrac{2S \sin A}{\sin B \sin C}$; $b^2 = \dfrac{2S \sin B}{\sin A \sin C}$; $c^2 = \dfrac{2S \sin C}{\sin A \sin B}$.

Il suffit donc de chercher $\log 2S$, $\log \sin A$, $\log \sin B$, et $\log \sin C$. Puis de les employer d'après ces égalités.

$2S = 7692,16.$ $\log 2S = 3,8860483$ 0449
34

12,9
$\log \sin A = \bar{1},9307490$ 7400   7
90,3
8,4
$\log \sin B = \bar{1},9681564$ 4530   4
33,6

A = 58° 29' 47"   180° = 179° 59' 60"
B = 66° 18' 34"   A + B = 124° 48' 21"

14,6
C = 55° 11' 39"; $\log \sin C = \bar{1},9143913$ 3782   9
131,4

$$\log a = \frac{1}{2} [\log 2S + \log \sin A - \log \sin B - \log \sin C].$$

a	b	c
$\log 2S = 3,8860483$	$\log 2S = 3,8860483$	$\log 2S = 3,8860483$
$\log \sin A = \bar{1},9307490$	$\log \sin B = \bar{1},9681564$	$\log \sin C = \bar{1},9143913$
$- \log \sin B = 0,0318436$	$- \log \sin A = 0,0692510$	$- \log \sin A = 0,0692510$
$- \log \sin C = 0,0856087$	$- \log \sin C = 0,0856087$	$- \log \sin B = 0,0318436$
3,9342496	4,0090644	3,9015342
$\log a = 1,9671248$	$\log b = 2,0045322$	$\log c = 1,9507671$
19		39
$a = 92,7096$ 29	$b = 101,059$	$c = 89,2826$ 32

Ex. **125.**

Errata. L'angle donné B = 60° 18' 34",6.

Rép.   C = 51° 54' 38",4;   a = 2029,637;   b = 2108,335;
c = 1810,828.

On donne $a+b+c=5948,8$; $A=61°49'47''$; $B=66°18'34'',6$.

$$180° = 179°59'60'',$$
$$A + B = 128° \ 8'21'',6.$$
$$C = 51°51'38'',4$$

On sait que $\dfrac{a}{\sin A} = \dfrac{b}{\sin C} = \dfrac{c}{\sin C}$.

Donc $\dfrac{a}{\sin A} = \dfrac{a+b+c}{\sin A + \sin B + \sin C}$; d'où, d'après l'Ex. 89,

$$\frac{2a}{4\sin\frac{A}{2}\cos\frac{A}{2}} = \frac{a+b+c}{4\cos\frac{A}{2}\cos\frac{B}{2}\cos\frac{C}{2}}; \text{ ou } 2a = \frac{(a+b+c)\sin\frac{A}{2}}{\cos\frac{B}{2}\cos\frac{C}{2}}.$$

De même $2b = \dfrac{(a+b+c)\sin\frac{B}{2}}{\cos\frac{A}{2}\cos\frac{C}{2}}$; $2c = \dfrac{(a+b+c)\sin\frac{C}{2}}{\cos\frac{A}{2}\cos\frac{B}{2}}$.

$$\frac{A}{2} = 30°54'53'',5; \quad \frac{B}{2} = 33°9'17'',3; \quad \frac{C}{2} = 25°55'49'',2.$$

$$\log\sin\frac{A}{2} = \bar{1},7107635, \qquad \log\cos\frac{A}{2} = \bar{1},9334527$$

$$\log\sin\frac{B}{2} = \bar{1},7379103, \qquad \log\cos\frac{B}{2} = \bar{1},9228271$$

$$\log\sin\frac{C}{2} = \bar{1},6407576, \qquad \log\cos\frac{C}{2} = \bar{1},9539173.$$

$$\log(a+b+c) = 3,7744294.$$

$2a = 4059,274$	$2b = 4216,67$	$2c = 3621,656$
3,7744294	3,7744294	3,7744294
$\bar{1}$,7107635	$\bar{1}$,7379103	$\bar{1}$,6407576
0,0771729	0,0665473	0,0665473
0,0460827	0,0460827	0,0771729
log $2a$ 3,6084485	log $2b =$ 3,6249697	log $2c =$ 3,5589072
04	24	05
81	73	67

La vérification est complète : $a + b + c = 5948,8$.

Ex. 126.

Rép. $B = 60°51'20'',2$; $C = 39°49'57'',8$; $b = 7418,94$;
$$c = 5541,06.$$

On donne $a = 8347$; $b + c = 12860$ et $A = 79°18'42''$.

On sait que $\dfrac{a}{\sin A} = \dfrac{b}{\sin B} = \dfrac{c}{\sin C}$;   d'où $\dfrac{a}{\sin A} = \dfrac{b+c}{\sin B + \sin C}$.

Mais $\sin A = 2 \sin 1/2\,A \cos 1/2\,A$; $\sin B + \sin C = 2 \sin 1/2\,(B+C)$
$\cos 1/2\,(B-C) = 2 \cos 1/2\,A \cos 1/2\,(B-C)$;   car $1/2\,(B+C) = 90° - 1/2\,A$.

En substituant ces valeurs de $\sin A$ et de $\sin B + \sin C$, on trouve, après réductions :

$$\frac{a}{\sin 1/2\,A} = \frac{b+c}{\cos 1/2\,(B-C)}, \text{ d'où } \cos 1/2\,(B-C) = \frac{(b+c)\sin 1/2\,A}{a}$$

$$1/2\,A = 39°39'21''; \quad 1/2\,(B+C) = 50°20'39''.$$

$\log(b+c) = 4,1092410$

$\log \sin 1/2\,A = \overline{1},8049394$ $\qquad\qquad$ 9369 $\qquad$ 25,4

$-\log a = \overline{4},0784696$

$\qquad\qquad\qquad\qquad\qquad \log a = 3,9215304$

$\log \cos 1/2\,(B-C) = -\overline{1},9926500$

$$05$$

50	39
110	1,2

$$1/2\,(B-C) = 10°30'41'',2$$
$$1/2\,(B+C) = 50°20'39''$$
$$B = 60°51'20'',2$$
$$C = 39°49'57'',8$$

Connaissant a, A, B, C, on calcule aisément b et c.

On peut chercher $b-c$ par la formule $\dfrac{a}{\sin A} = \dfrac{b-c}{\sin B - \sin C}$, qui devient, si on la transforme comme ci-dessus :

$$\frac{a}{\cos 1/2\,A} = \frac{b-c}{\sin 1/2\,(B-C)}; \quad \text{d'où } b-c = \frac{a \sin 1/2\,(B-C)}{\cos 1/2\,A}.$$

On trouve $b-c = 1977,88$, puis $b = 7418,94$; $c = 5541,06$.

Ex. 127.

Rép. B=74°29′11″,8 ; C=35°49′11″,2 ; b=32737,78 ; c=19883,78.

En raisonnant comme dans l'Exercice 125 ,

de $\dfrac{a}{\sin A} = \dfrac{b-c}{\sin B - \sin C}$ on déduit $\dfrac{a}{\cos 1/2\,A} = \dfrac{b-c}{\sin 1/2\,(B-C)}$;

d'où $\qquad \sin 1/2(B-C) = \dfrac{(b-c)\cos 1/2\,A}{a}$.

$$1/2\,A = 34°50′48″,5 ; \quad 1/2\,(B+C) = 55°9′11″,5.$$

$\log(b-c) = 4,1090383$

$\log \cos 1/2\,A = \overline{1},9141753$

$-\log a = \overline{5},4966997$

$\overline{\qquad\qquad\qquad}$ $\log a = 4,5033003$

$\log \sin 1/2\,(B-C) = \overline{1},5199133$

$$\begin{array}{c|c} 1731 & 14,6 \\ 7,3 & 1,5 \\ 14,6 & \end{array}$$

$$\begin{array}{c|c} 12 & 600 \\ \hline 2100 & 0,3 \end{array}$$

$$1/2\,(B-C) = 19°20′\ 0″,3$$
$$1/2\,(B+C) = 55°\ 9′11″,5$$
$$\overline{\qquad\qquad\qquad\qquad}$$
$$B = 74°29′11″,8$$
$$C = 35°49′11″,2$$

Connaissant a, A, B, C, on peut calculer séparément b et c, ou plus simplement trouver $b+c$ par la formule $b+c = \dfrac{a\cos 1/2\,(B-C)}{\sin 1/2\,A}$. (Voy. l'Exercice 126.)

$$b+c = 52621,56 ; \quad b = 32737,78 ; \quad c = 19883,78.$$

Ex. 128.

On donne une hauteur et les angles.

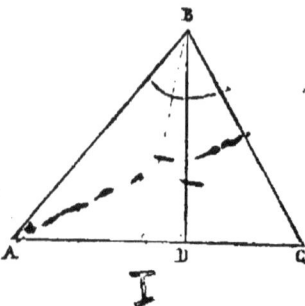

Dans le triangle rectangle ABD, on connaît le côté BD et l'angle A ; on calcule BA ou c, et AD. Dans le triangle BDC, on connaît le côté BD et l'angle C ; on calcule BC ou a et DC ; AD + DC = AC ou b. Le triangle est résolu.

On peut calculer b au moyen de a, B et A.

Ex. 129.

On donne deux hauteurs et un angle.

Ex. : BD, la hauteur AE (menez-la) et l'angle A.

On peut calculer BA ou c du triangle rectangle BAD. Cela fait, on connaît dans le triangle rectangle ABE, le côté AE et l'hypoténuse BA; on peut calculer l'angle B. Connaissant A et B, on calcule C. Enfin, on calcule AC du triangle rectangle AEC.

Ex. 130.

On donne une hauteur et deux côtés.

1er cas. L'un des côtés donnés est la base correspondante.

Ex. : On donne BD, AC et BA (fig. de l'Ex. 128).

On calcule l'angle A et le côté AD du triangle rectangle BAD; puis on résout le triangle rectangle BDC pour trouver le côté BC ou a et l'angle C.

2e cas. Les deux côtés partent du même sommet que la hauteur. On donne BA, BC et BD.

Dans chacun des triangles rectangles BAD, BCD, on connaît un côté et l'hypoténuse. On calculera : 1° ADC et l'angle A; 2° DC et l'angle C.

Ex. 131.

Fig. de l'Ex. 128. (Menez la bissectrice BI de ABC.) On donne BD, BI et l'angle B.

Dans le triangle BDI je connais BD et BI; je puis trouver l'angle BID. Cela fait, dans le triangle BIC, je connaîtrai le côté BI, l'angle BIC et l'angle CBI = 1/2 B. Je pourrai calculer l'angle C, le côté BC et IC. Dans le triangle BIA, je pourrai calculer l'angle A, le côté BA et IA.

Au lieu de calculer IC et IA séparément, on peut calculer AC, connaissant BA et les angles.

Ex. 132.

On donne B, a, et $b + c$.

(Fig. de l'Exerc. 128). Prolongez BA d'une longueur AK égale à AC, et joignez CK (faites la figure). Dans le triangle BCK, on connaît BC ou a, l'angle B et le côté BAK $= c + b$; on peut calculer l'angle K qui est égal à $1/2$ A. (En effet, le triangle ACK est isocèle; K $+$ ACK $= 2$K $= 180° -$ KAC $=$ BAC $=$ A.)

Connaissant le côté a, l'angle B et l'angle A $= 2$K, on achève aisément la résolution du triangle ABC (1er cas).

Ex. 133.

On donne B, a et $b - c$ (faites la figure).

Construisez un triangle ABC (AC $>$ AB); prenez sur le prolongement de AB une longueur BK' $= b - c$ et tracez CK'. Le triangle ACK' est isocèle; car AK' $= c + (b - c) =$ AC; donc l'angle ACK' $=$ K'; A $+ 2$K' $= 180°$; A $= 180° - 2$K'. Or on peut calculer l'angle K'; car dans le triangle BCK', on connaît BC ou a, BK' $= b - c$ et l'angle CBK' $= 180° -$ B. L'angle K' étant connu, on connaît A, B, a du triangle ABC, et on peut résoudre ce triangle (1er cas).

Ex. 134.

On donne le rayon R du cercle circonscrit et les angles A, B, C.

(Faites la figure.) Faites un triangle ABC et le cercle O circonscrit. Joignez B au centre O; et abaissez OH perpendiculaire sur BC; l'angle BOH $=$ A; le triangle BOH donne BH ou $1/2\,a =$ R sin BOH $=$ R sin A. On calcule $1/2\,a$, puis a. On trouve de même $1/2\,b = 2$R sin B; et $1/2\,c = 2$R sin C. •

Ex. 135.

On donne le rayon r du cercle inscrit et les angles A, B, C.

Nous avons établi dans l'Ex. 111 pour un triangle quelconque les égalités :

$$r = (p - a)\tang\frac{A}{2}\,; \ r = (p - b)\tang\frac{B}{2}\,; \ r = (p - c)\tang\frac{C}{2}.$$

On calcule $p - a$, $p - b$, $p - c$, puis on les additionne; ce qui donne p. Puis on en déduit $a = p - (p - a)$; $b = p - (p - b)$, et $c = p - (p - c)$.

Ex. 136.

On donne le rayon R du cercle circonscrit, A, et $a + b + c$.

L'égalité $1/2\,a =$ R sin A (Ex. 134) donne a.

Connaissant a, $b + c$ et A, on résout comme dans l'Exercice 126.

Ex. 137.

On donne a, R et B.

On calcule A à l'aide de l'égalité $1/2\, a = \mathrm{R} \sin \mathrm{A}$. Connaissant a, B, A, on résout aisément le triangle (1er cas).

Ex. 138.

On donne le rayon du cercle inscrit r, le côté a; et $b+c$.

On connaît $a+b+c = 2p$ et, par suite, $p-a$. On calcule l'angle A à l'aide de l'égalité $r = (p-a) \tang \dfrac{A}{2}$; connaissant a, A et $b+c$, on résout comme dans l'Exercice 126.

Ex. 139.

On donne r, A, et $2p = a+b+c$.

On calcule $p-a$ à l'aide de l'égalité $r = (p-a) \tang \dfrac{A}{2}$. Connaissant p et $p-a$, on en déduit a, puis $b+c = 2p-a$. Connaissant a, A et $b+c$, on résout comme dans l'Exercice 126.

Ex. 140.

On donne a, le rayon r, et $b-c$.

$$a+b-c = 2(p-c); \quad a-(b-c) = a+c-b = 2(p-b).$$

On connaît donc $p-b$ et $p-c$ et r. On calcule l'angle B et l'angle C à l'aide des égalités

$$r = (p-b) \tang \frac{B}{2}; \quad r = (p-c) \tang \frac{C}{2}.$$

Connaissant a, B, C, on résout aisément le triangle (1er *cas*).

Ex. 141.

On donne S, $2p$, et A.

D'après la fig. de l'ex. 111, l'aire du triangle, S est évidemment égale à $1/2\,ar + 1/2\,br + 1/2\,cr$; $\mathrm{S} = pr$; d'où $r = \dfrac{\mathrm{S}}{p}$.

$$r = (p-a) \tang \frac{A}{2}, \text{ donne } p - a = r : \tang \frac{A}{2}.$$

$$a = p - (p-a); \quad b+c = 2p-a; \quad 2S = bc \sin A; \text{ d'où } bc.$$

Connaissant bc et $b+c$, on calcule aisément b et c, puis B et C.

Ex. 142.

On donne a, b, c. Trouver le rayon r et les rayons des cercles ex-inscrits r', r'', r''' (r' dans l'angle A, r'' dans B et r''' dans l'angle C).

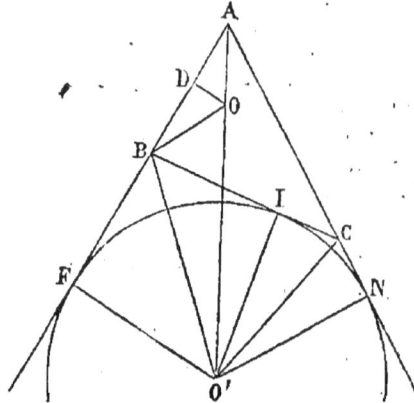

On connaît $a+b+c = 2p$; on en déduit $p-a$, $p-b$, et $p-c$.

L'aire du triangle $S = pr$.

D'un autre côté, on a trouvé dans le cours :

$$S = \sqrt{p(p-a)(p-b)\,p-c)};$$

donc
$$r = \frac{\sqrt{p(p-a)(p-b)(p-c)}}{p} = \sqrt{\frac{p(p-a)(p-b)(p-c)}{p^2}};$$

$$r = \sqrt{\frac{(p-a)(p-b)(p-c)}{p}}.$$

On peut donc calculer r.

La fig. donne $\dfrac{O'F}{OD} = \dfrac{AF}{AD}$, c'est-à-dire $\dfrac{r'}{r} = \dfrac{p}{p-a}$ (*);

d'où
$$r' = \frac{pr}{p-a} = \sqrt{\frac{p(p-b)(p-c)}{p-a}}.$$

(*) Dans un triangle ABC (V. la fig.), prolongez AB et BC ; menez les bissectrices de l'angle extérieur B et de l'angle extérieur C qui se rencontrent en O'; abaissez des perpendiculaires O'F, O'I et O'N sur AB prolongé, sur BC, et sur AC prolongé.

On a $AF = AB + BI$; $AN = AC + CI$; $AF + AN = AB + AC + BI + CI = AB + AC + BC = a+b+c = 2p$; mais $AF = AN$, donc $2AF = 2p$, et $AF = p$. Soit OD le rayon du cercle inscrit; $AD = p-a$ (Ex. 111), et les triangles AOD, AO'F donnent bien $\dfrac{O'F}{OD} = \dfrac{AF}{AD}$ ou $\dfrac{r'}{r} = \dfrac{p}{p-a}$.

De même $r'' = \sqrt{\dfrac{p(p-a)(p-c)}{p-b}}$; $r''' = \sqrt{\dfrac{p(p-a)(p-b)}{p-c}}$.

REMARQUE., $r \times r' \times r'' \times r''' = p(p-a)(p-b)(p-c) = S^2$.

Ex. 143.

On donne les quatre côtés du trapèze.

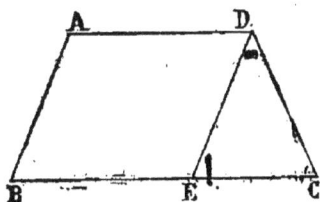

Je mène DE parallèle à AB. Dans le triangle DEC, on connaît DC, DE=AB et CE=BC−AD; on peut calculer l'angle C, l'angle E=B, puis ADC=180−C, et enfin l'angle A=180°−B. On connaîtra donc les quatre angles du trapèze.

Ex. 144.

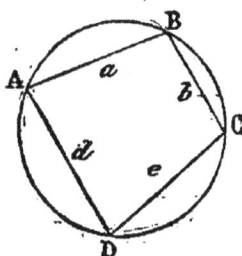

On donne AB=a, BC=b, CD=c, DA=d.
Le quadrilatère est inscriptible; A+C=180°; B+D=180°. (*Menez les diagonales.*)
$DB^2 = a^2 + d^2 - 2ad \cos A$; $\overline{DB}^2 = b^2 + c^2 + 2bc \cos A$ $(-\cos C = +\cos A)$.

On a donc

$$a^2 + d^2 - 2ad \cos A = b^2 + c^2 + 2bc \cos A.$$
$$(2bc + 2ad) \cos A = a^2 + d^2 - b^2 - c^2.$$
$$\cos A = \frac{a^2 + d^2 - b^2 - c^2}{2bc + 2ad} ; \quad \sin^2 A = 1 - \frac{(a^2 + d^2 - b^2 - c^2)^2}{(2bc + 2ad)^2}$$
$$\sin^2 A = \frac{(2bc + 2ad)^2 - (a^2 + d^2 - b^2 - c^2)^2}{4(bc + ad)^2}.$$

$$(2bc + 2ad)^2 - (a^2 + d^2 - b^2 - c^2)^2 =$$
$$(2ad + a^2 + d^2 + 2bc - b^2 - c^2)(2ad - a^2 - d^2 + 2bc + b^2 + c^2)$$
$$= [(a+d)^2 - (b-c)^2][(b+c)^2 - (a-d)^2]$$
$$= (a+d+b-c)(a+d+c-b)(b+c+a-d)(b+c+d-c).$$

Posons $a+b+c+d = 2p$; $a+d+b-c = 2(p-c)$; $a+d+c-b = 2(p-b)$, etc.

Donc enfin $\sin^2 A = \dfrac{2(p-a)\,2(p-b)\,2(p-c)\,2(p-d)}{4(bc+ad)^2}$

ou $\sin^2 A = \dfrac{4(p-a)(p-b)(p-c)(p-d)}{(bc+ad)^2}$; $\sin C = \sin A$.

Pour avoir $\sin B$, il suffit de changer d, a, b, c en a, b, c, d, lettre pour lettre (ou bien, on peut recommencer le même travail en prenant les valeurs de $\overline{AC}^2$. (Le numérateur ne change pas.)

$$\sin^2 B = \frac{4(p-a)(p-b)(p-c)(p-d)}{(cd+ab)^2}.$$

CALCUL DE LA SURFACE. $ADB = 1/2\, ad \sin A$; $DBC = 1/2\, bc \sin A$; $ABCD = 1/2\,(ad+bc) \sin A$.

En remplaçant $\sin A$ par sa valeur précédente, on trouve :

$$S = \sqrt{(p-a)(p-b)(p-c)(p-d)}.$$

VALEURS DES DIAGONALES. On remplace $\cos A$ par sa valeur dans $\overline{DB}^2$;

$$\overline{DB}^2 = a^2 + d^2 - \frac{ad\,[(a^2+d^2)-(b^2+c^2)]}{(bc+ad)}$$
$$= \frac{(a^2+d^2)(bc+ad) - ad\,[(a^2+d^2)-(b^2+c^2)]}{bc+ad}$$

Mais $(a^2+d^2)(bc+ad) - ad\,[(a^2+d^2)-(b^2+c^2)]$
$= (a^2+d^2)bc + ad(b^2+c^2) = a^2bc + d^2bc + adb^2 + adc^2$
$= ac(ab+dc) + bd(ab+dc) = (ac+bd)(ab+dc)$.

Donc

$$\overline{DB}^2 = \frac{(ac+bd)(ab+cd)}{bc+ad} ; \text{ de même } \overline{AC}^2 = \frac{(bd+ac)(ad+bc)}{ab+dc}.$$

REMARQUE. En multipliant, on trouve $\overline{DB}^2 \times \overline{AC}^2 = (ac+bd)^2$, d'où $DB \times AC = ac + bd$, égalité démontrée en géométrie.

Ex. 146.

Mesurer le diamètre d'un bassin dont on ne peut pas approcher.
On choisit deux points A et B au niveau du bassin. On trace et on

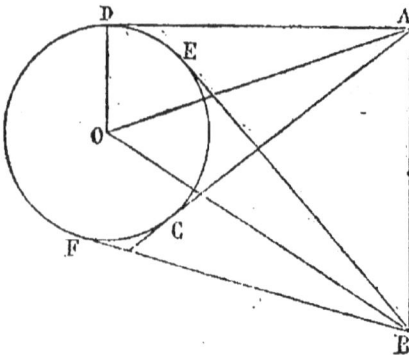

mesure la droite AB. Étant en A, on dirige l'alidade fixe du graphomètre suivant AB, et l'alidade mobile suivant une direction AD tangente à la circonférence du bassin; on note l'angle DAB. On dirige ensuite l'alidade mobile suivant la deuxième tangente AC, et on note l'angle CAB. On se transporte ensuite au point B, où on mesure

de même les angles FBA, EBA. Cela fait, on calcule l'angle DAO =
OAC = 1/2(DAB—CAB); puis OAB = CAB + OAC, et enfin l'angle OBA = EBA + 1/2 (FBA — EBA) = 1/2 (FBA + EBA). Connaissant AB et les angles OAB, OBA du triangle CAB, on calcule
AO. Enfin, connaissant AO et l'angle DAO du triangle rectangle OAD,
on calcule le rayon cherché OD.

Ex. **147**.	Ex. **148**.
$\log 4 = 0,6020600$	$\log 4 = 0,6020600$
$\log \pi = 0,4971499$	$\log \pi = 0,4971499$
$2 \log R = 5,5212218$	$2 \log R = 5,3786178$
$2 \log \sin 1/2\, a = \overline{1},2264954$	$\log \sin 1/2\, a = \overline{1},6878105$
$\log \text{Zone} = 5,8469271$	$\log \sin (b+1/2\, a) = \overline{1},8773346$
44	$\log \text{Zone} = 6,0430728$
Zone = 702954^{mq} 27	477
	Zone = 1104264^{mq} 251

Ex. 149.

1° *Discussion de la formule* $c = b \cos A \pm \sqrt{a^2 - b^2 \sin^2 A}$ (1)

Chaque valeur convenable de c doit être réelle et positive.

Pour que les deux valeurs (1) soient réelles, il faut et il suffit
que a ne soit pas plus petit que $b \sin A$. Or $b \sin A$ est la valeur de
la perpendiculaire CD abaissée du sommet C sur le côté AB; le
côté a ou CB ne peut pas être moindre que cette perpendiculaire;
c'est conforme à la géométrie. Nous supposerons cette condition
remplie.

Trois cas peuvent d'ailleurs se présenter : 1° A > 90°; 2° A = 90°;
3° A < 90°.

1er Cas. A *obtus* ou > 90°; $b \cos A$ est négatif; la 2e valeur de c
toujours négative ne convient pas. Pour que la 1re soit positive et
convienne, il faut et il suffit qu'en valeur absolue $\sqrt{a^2 - b^2 \sin^2 A}$
soit plus grand que $b \cos A$; d'où $a^2 - b^2 \sin^2 A > b^2 \cos^2 A$; ou bien
$a^2 > b^2 (\sin^2 A + \cos^2 A)$, $a^2 > b^2$, ou enfin $a > b$. Ainsi quand A est
obtus, il ne peut y avoir qu'une solution, et encore faut-il que a
soit plus grand que b.

2e Cas. A = 90°, $\cos A = 0$; $\sin A = 1$; $c = \pm \sqrt{a^2 - b^2}$. Il ne peut y avoir qu'une valeur $c = + \sqrt{a^2 - b^2}$, et il faut qu'on ait $a > b$.

3ᵉ Cas. A *aigu* ou $< 90°$; $b \cos A$ est positif. La plus grande valeur de $c = b \cos A + \sqrt{a^2 - b^2 \sin^2 A}$ est positive et convient. Pour que la 2ᵉ valeur convienne, il faut que l'on ait $b \cos A > \sqrt{a^2 - b^2 \sin^2 A}$ ou $b^2 \cos^2 A > a^2 - b^2 \sin^2 A$, ou bien $b^2 (\cos^2 A + \sin^2 A) > a^2$, ou enfin $b^2 > a^2$, ou $b > a$. Quand l'angle A est aigu, il y a toujours une solution au moins si $a \geq b \sin A$, et il y en a deux si l'on a en même temps le côté $a < b$.

Nous avons considéré tous les cas possibles.

Discussion des formules $c = \dfrac{a \sin (\varphi \pm A)}{\sin A}$; $\sin \varphi = \dfrac{b \sin A}{a}$ (2)

Pour que l'angle φ soit réel, existe, $\sin \varphi$ ne devant pas surpasser 1, il faut et il suffit que a ne soit pas plus petit que $b \sin A$; nous supposerons cette condition remplie. Quand $\sin \varphi$ n'est pas égal à 1, il donne deux valeurs supplémentaires de φ; nous n'avons besoin que d'une valeur; nous prendrons $\varphi < 90°$.

Nous considérerons encore trois cas :

$$A > 90°; \quad A = 90°; \quad A < 90°.$$

1ᵉʳ Cas. $A > 90°$. Alors $\varphi < a$, et $\sin (\varphi - A)$ est négatif; la 2ᵉ valeur de c ne convient pas. Pour que la 1ʳᵉ convienne, il faut que $\sin (\varphi + A)$ soit positif, c'est-à-dire $\varphi + A < 180°$, ou $\varphi < 180° - A$. On doit donc avoir $\sin \varphi < \sin A$, c'est-à-dire $\dfrac{b \sin A}{a} < \sin A$, d'où $b < a$ ou $a > b$. Quand l'angle A est obtus, il n'y a qu'une solution, et encore faut-il que a soit plus grand que b.

2ᵉ Cas. $A = 90°$. Dans ce cas encore, $\varphi < A$; la 2ᵉ valeur de c négative ne convient pas. Pour que la 1ʳᵉ convienne, il faut qu'on ait $\varphi + A < 180°$; $\varphi < 180 - A$ ou $\varphi < 90°$. Par suite $\sin \varphi = \dfrac{b}{a} < 1$ ou $a > b$. Quand A est droit, il n'y a qu'une solution, et encore faut-il que a soit plus grand que b.

3ᵉ Cas. A *aigu*. Alors φ (s'il existe) étant $< 90°$, $A + \varphi$ est plus petit que $180°$; $\sin (\varphi + A)$ est positif, et la 1ʳᵉ valeur de c positive convient (si $a > b \sin A$). Pour que la 2ᵉ valeur subsiste, il faut qu'on ait $\varphi - A$ positif ou $\varphi > A$; $\sin \varphi > \sin A$, ou $\dfrac{b \sin A}{a} > \sin A$,

ou enfin $a < b$. Quand A est aigu, il y a au moins une solution, si a n'est pas plus petit que $b \sin A$, et il y en a deux, si en même temps a est plus petit que b.

Nous avons considéré tous les cas possibles.

Équations trigonométriques.

Ex. 150.

Rép. $x = 45°$; $y = 15°$.

$$\cos (x + y) = 1/2; \quad \text{donc } x + y = 60° \text{ (Ex. 13)};$$

$\cos(x + y) = \sin(x - y)$; donc $x - y$ et $x + y$ sont complémentaires.
$x - y = 90° - (x + y) = 30°$.

Donc enfin $x = 45°$; $y = 15°$.

Ex. 151.

Rép. $x = 60°$.

$$\operatorname{coséc} x = 2 \cot x,$$

c'est-à-dire $\dfrac{1}{\sin x} = \dfrac{2 \cos x}{\sin x}$; $1 = 2 \cos x$.

$$\cos x = 1/2; \text{ donc } x = 60°. \qquad \text{(Ex. 13)}.$$

Ex. 152.

Rép. $x = 45°$, ou $x = 104° \ 2' \ 10''$.

$$5 \sin^2 x - 2 \cos^2 x - 3 \sin x \cos x = 0.$$

Cette équation étant homogène par rapport à $\sin x$ et à $\cos x$, je pose $\dfrac{\sin x}{\cos x}$ ou $\operatorname{tang} x = y$; $\sin x = y \cos x$. Je remplace; ce qui donne $(5 y^2 - 2 - 3 y) \cos^2 x = 0$, équation qui se divise en deux : $5 y^2 - 2 - 3 y = 0$, et $\cos^2 x = 0$.

$\cos x = 0$, qui donne $\sin x = 1$, ne vérifie pas l'équation proposée.

Résolvons donc $5 y^2 - 2 - 3 y = 0$; y ou $\operatorname{tang} x = \dfrac{3 \pm \sqrt{9 + 40}}{10}$;

$$= \frac{3 \pm 7}{10}; \; y^{l} = 1 \text{ et } y'' = -0,4; \; \tang x = 1, \text{ et } \tang x = -0,4;$$

d'où $\qquad x = 45° \text{ et } x = 104° \, 2' \, 10''.$

Ex. 153.

Rép. $x = 56° 18' 35'',6,$ et $x = 45°.$

$$3 \cot x + 2 \tang x = 5.$$

Posons $\qquad \tang x = y; \; \cot x = \frac{1}{y}.$

$$\frac{3}{y} + 2y = 5;$$

$$2y^2 - 5y + 3 = 0; \; y = \frac{5 \pm \sqrt{25 - 24}}{4} = \frac{5 \pm 1}{4}$$

$y = 6/4 = 3/2 = 1,5; \; y'' = 1; \; \tang x = 1,5 \text{ et } \tang x = 1.$

d'où $\qquad x = 56° 18' 35'',6, \text{ et } x = 45°.$

Ex. 154.

Rép. $x = 30° \, x \text{ et } x = 210°.$

Je pose $\qquad \sin^2 x = y; \; \cos^2 x = 1 - y^2.$

L'équation devient $\quad 3 - 3y^2 + 2y^2 = 2,75.$

$y^2 = 0,25; \; y = \pm 0,5.$ Sin $x = 0,5$ donne $x = 30°$ (n° 21). Sin $x = -0,5$ donne $x = 210°$ (n° 17).

Ex. 155.

Rép. $x = 60°.$

$$\cos x = \sin 1/2 \, x.$$

x et $1/2 \, x$ sont complémentaires.

$$x + 1/2 \, x = 3/2 \, x = 90°; \quad \text{d'où} \quad x = 60°.$$

Ex. 156.

Rép. $x = 80° 12' 44'',2.$

$$\frac{\sin (27° + x)}{\sin x} = 1,2; \text{ d'où } \sin 27° \cos x + \cos 27° \sin x = 1,2 \sin x.$$

Cette équation étant homogène par rapport à $\sin x$ et à $\cos x,$

je pose $\dfrac{\sin x}{\cos x}$ ou $\tan x = y$; d'où $\sin x = y \cos x$. En substituant je trouve

$$[y(1,2 - \cos 27°) - \sin 27°] \cos x = 0,$$

équation qui se divise en deux, $\cos x = 0$, et $y(1,2 - \cos 27°) = \sin 27°$. Or, $\cos x = 0$, qui donnerait $\sin x = 1$, ne vérifie pas l'équation proposée. Résolvons donc $y(1,2 - \cos 27°) = \sin 27°$. On en déduit y ou $\tan x = \dfrac{\sin 27°}{1,2 - \cos 27°}$ qu'il faut rendre calculable par logarithmes; pour cela on écrit $1,2 - \cos 27° = 1,2 \cos^2 \varphi$, en posant

$$\frac{\cos 27°}{1,2} = \sin^2 \varphi \;(\text{N° 110, 2°}).$$

On a donc à résoudre par logarithmes les deux équations :

$$\sin^2 \varphi = \frac{\cos 27°}{1,2} \text{ et } \tan x = \frac{\sin 27°}{1,2 \cos^2 \varphi};$$

on trouve $\varphi = 75° 12' 5''$, et $x = 80° 12' 44'',2$.

Ex. 157.

Rép. $x = 638,296$; $y = 120° 34' 9'',3$.

$$x \cos y = -324,6219; \; x \sin y = 549,5827.$$

On déduit de là

$$\tan y = -\frac{549,5827}{324,6219}; \; \tan(180° - y) = \frac{549,5827}{324,6219}.$$

$$\begin{array}{l|l}
\text{Log } 549,5827 = 2,7400330 & \\
-\text{log } 324,6219 = \overline{3},4886222 & \log 324,6219 = 2,5113778 \\
\hline
\log \tan(180° - y) = 0,2286552 &
\end{array}$$

$$180° - y = 59° 25' 50'',7; \; y = 120° 34' 9'',3$$

y étant trouvé, on a $\log x = \log 549,5827 - \log \sin y$

$$\begin{array}{l|l}
-\text{log } 549,5982 = 2,7400330 & \\
-\text{log } \sin y = 0,0649892 & \log \sin y = \overline{1},9350108 \\
\hline
\log x = 2,8050222 &
\end{array}$$

$$x = 638,296.$$

Ex. 158.

Rép. $x = 6°57'15'',2.$

$$\frac{1-\sin x}{1+\sin x} = 0,784; \quad \frac{1-\sin x}{1+\sin x} = \frac{2\sin^2(45°-1/2\,x)}{2\cos^2(45°-1/2\,x)}$$
$$= \text{tang}^2(45°-1/2\,x) \ (\text{Ex. 60}).$$

$\text{tang}^2(45°-1/2\,x) = 0,784; \ \log\text{tang}(45° - 1/2\,x) = 1/2\log 0,784;$

$\log 0,784 = \bar{1},8943160; \ \log\text{tang}(45°-1/2\,x) = \bar{1},9471580.$

$45°-1/2\,x = 41°31'22'',4; \ 1/2\,x = 3°28'37''',6; \ x = 6°57'15'',2.$

Ex. 159.

$$(1 + e\cos\theta)(1 - e\cos u) = 1 - e^2.$$

On a vu (Ex. 59) que $\text{tang}\dfrac{\theta}{2} = \sqrt{\dfrac{1-\cos\theta}{1+\cos\theta}}.$

Cherchons $\qquad 1 - \cos\theta$ et $1 + \cos\theta$

$$e\cos\theta = \frac{1-e^2}{1-e\cos u} - 1 = \frac{1-e^2-1+e\cos u}{1-e\cos u} = \frac{-e^2+e\cos u}{1-e\cos u}$$

$$\cos\theta = \frac{-e+\cos u}{1-e\cos u}. \text{ Par suite } 1-\cos\theta = 1 - \frac{\cos u - e}{1-e\cos u}$$

$$= \frac{1-e\cos u+e-\cos u}{1-e\cos u} = \frac{(1-\cos u)(1+e)}{1-e\cos u}$$

$$1+\cos\theta = 1 + \frac{\cos u-e}{1-e\cos u} = \frac{1-e\cos u+\cos u-e}{1-e\cos u}$$

$$= \frac{(1-e)(1+\cos u)}{1-e\cos u}$$

$$\text{tang}\,\frac{\theta}{2} = \frac{(1+e)(1-\cos u)}{(1-e)1+\cos u} = \frac{1+e}{1-e}\,\text{tang}^2\,\frac{u}{2};$$

d'où enfin $\qquad \text{tang}^2\,\dfrac{\theta}{2} = \sqrt{\dfrac{1+e}{1-e}}\,\text{tang}\,\dfrac{u}{2}.$

Recherche de maximums.

Ex. 160.

Rép. $\left(1+\sqrt{2}\right).$

Le maximum de $1 + \sin x + \cos x$ a lieu pour la même valeur de x qui rend maximum $\sin x + \cos x$, c'est-à-dire pour $x = 45°$. (Ex. 73). Ce maximum est $1 + \sqrt{2}$.

REMARQUE. Pour faciliter la recherche des maximums ou des minimums, on peut retrancher ou ajouter des quantités constantes, multiplier ou diviser par des facteurs constants.

Ex. 161.

Rép. 3,60555.

Maximum de $3 \sin + 2 \cos x = 3 (\sin x + 2/3 \cos x)$

$$= \frac{3 \sin x \cos \varphi + \sin \varphi \cos x}{\cos \varphi} = \frac{3 \sin (x + \varphi)}{\cos \varphi}.$$

On pose $\tang \varphi = 2/3$. Le maximum a lieu pour $x + \varphi = 90°$. *Ce maximum est* $\dfrac{3}{\cos \varphi}$.

$\varphi = 33° \, 41' \, 24'',2$; $x = 56° \, 18' \, 35'',8$; maxim. 3,60555.

Ex. 162.

Rép. $\left(1 + 1/2 \sqrt{2}\right)^2$.

$1 + \sin x + \cos x + \sin x \cos x = (1 + \sin x)(1 + \cos x)$
$= (1 + \cos (90° - x))(1 + \cos x) = 4 \cos^2 (45° - 1/2 x) \cos^2 1/2 x$
$$= [\cos 45° + \cos (45° - x)]^2.$$

Le maximum a lieu quand $45° - x = 0$ ou $x = 45°$. Ce maximum est $(1/2 \sqrt{2} + 1)^2$.

Ex. 163.

$x + y = a$; $1°$ $\cos x \cos y = 1/2 [\cos (x + y) + \cos (x - y)]$.
$2°$ $\qquad \sin x \sin y = 1/2 [\cos (x - y) - \cos (x + y)$
$3°$ $\tang x + \tang y = \dfrac{\sin (x + y)}{\cos x \cos y} = \dfrac{2 \sin (x + y)}{\cos (x + y) + \cos (x - y)}$

$\cos (x + y)$ étant une constante, $\cos a$, et $\sin (x + y)$ de même, $\sin a$, le maximum pour *primo* et pour $2°$ a lieu quand $\cos (x - y) = 1$

ou $\qquad\qquad x - y = 0$; $x = y$.

Le minimum de 3° a lieu pour $x = y$, parce que son dénominateur est alors le plus grand possible.

Le minimum de 1° ou de 2° a lieu quand $\cos(x - y) = 0$ ou $x - y = 90°$; $x = 90° + y$; le maximum de $\tan x + \tan y$ a lieu de même pour $x - y = 90°$.

$$4° \quad \tan x \tan y = \frac{\sin x \sin y}{\cos x \cos y} = \frac{\cos(x - y) - \cos(x + y)}{\cos(x - y) + \cos(x + y)} \qquad (\alpha)$$

On ne trouve pas tout de suite la plus grande ou la plus petite valeur ; car $x - y$ augmentant ou diminuant, le numérateur et le dénominateur diminuent ensemble ou augmentent ensemble.

$$1 - \frac{\cos(x - y) - \cos(x + y)}{\cos(x - y) + \cos(x + y)} = \frac{2\cos(x + y)}{\cos(x - y) + \cos(x + y)}$$

Le numérateur est ici constant. La fraction est minimum quand $\cos(x - y)$ est le plus grand possible ; $\cos(x - y) = 1$; $x - y = 0$; $x = y$. Mais le minimum de $1 - z$ a lieu quand z est maximum ; donc l'expression (α) ci-dessus ou $\tan x \tan y$ *est la plus grande possible* quand $x = y$. Le minimum a lieu pour $x - y = 90°$ ou $x = 90° + y$.

REMARQUE. Nous appelons l'attention du lecteur sur notre artifice de calcul. Nous avons remarqué que $\cos(x - y)$ disparaîtrait si l'on soustrayait le numérateur du dénominateur, ou la fraction de 1.

Ex. 164.

Pour un triangle quelconque $2S = \dfrac{a^2 \sin B \sin C}{\sin A}$, a et A étant constants, le maximum de S correspond au maximum de $\sin B \sin C$. Mais $B + C = 180° - A$, quantité constante. On est donc dans le cas de l'*Ex.* précédent (2°). Le maximum de S correspond à $B = C$.

Le plus grand triangle est ISOCÈLE.

Ex. 165.

On donne a et $AD = h$.

Soient $BD = m$, $CD = n$. On a $m + n = a$ et $m \times n = h^2$. On peut donc calculer m et n par suite a. Cela fait, on a l'égalité $h = m \tan B$ qui donne B, puis C.

Ex. 166.

On donne $h = AD$ et B.

On calcule C. La résolution du triangle ABD donne AB et BD; celle du triangle ADC donne DC et AC; $(BD + DC = a)$.

Ex. 167.

On donne h et $\dfrac{b}{c}$; $\dfrac{b}{c} = $ tang B. On calcule B et on est ramené à l'Exercice précédent 166.

Ex. 168.

On donne $\dfrac{b}{c}$ et S; $\dfrac{b}{c} = m$; $b = mc$; $2S = bc = mc^2$; $c = \sqrt{2S : m}$.

On peut calculer c, puis b, puis B à l'aide tang $B = m$, et enfin $a = b \sin B$.

Ex. 169.

On donne $\dfrac{b}{c}$ et $a + b + c = 2p$.

$$\frac{b}{c} = m; \quad b = mc; \quad a^2 = b^2 + c^2 = c^2 (1 + m^2)$$

$$2p = c[1 + m + \sqrt{1 + m^2}]$$

d'où on peut déduire c, puis b, puis a et enfin les angles.

Autrement, on calcule B à l'aide de tang $B = m$, puis $C = 90° — B$. Alors

$$2p = (a + a \sin B + a \cos B) = a (1 + \sin B + \cos B).$$

On trouve a comme dans l'Exercice 110, puis b et c.

Ex. 170.

On donne $\dfrac{b}{c}$ et a; $\dfrac{b}{c} = $ tang B; on calcule B puis C et on est ramené au 1er cas général.

Ex. 171.

Rép. $c = 350,676$.

Soit $AB = c$ et cercle OA la corde et le cercle donnés, OD la distance au centre (faites la figure).

Le triangle rectangle AOD donne

$$1/2\, c = \text{OA} \sin \text{AOD} = \text{OA} \sin 1/2\, \text{AOB}; \quad \text{AO} = 542^m,35;$$
$$\text{AOB} = 37°\, 43'\, 28''.$$

On calcule $1/2\, c$ par logarithmes.

Ex. 172.

Rép. $R = 1559,76$.

(*Même figure.*) $\quad\quad \text{OD} = \text{AO} \cos \text{AOD}$.

On connaît OD et $\text{AOD} = 1/2\, \text{AOB}$. On calcule AO par logarithmes.

Ex. 173.

Rép. Segm. $= 428770^{mq},9$.

(*Même figure.*) Segm. = sect. AOB — triangle AOB.

$$\text{Sect. AOB} = \pi R^2 \times \frac{37°\, 43'\, 28''}{360°} = \frac{\pi R^2 \times 135808}{1296000}$$

triangle $\text{AOB} = 1/2\, \text{AB} \times \text{OD} = R \sin \text{AOD} \times R \cos \text{AOD}$.

On calcule séparément le secteur et le triangle, puis on soustrait

$$\text{sect.} = 800915^{mq},4. \quad \text{Tr.} = 372144^{mq},5.$$

Ex. 174.

Rép. $r = 42,4682$.

En appliquant les formules (α) et (β) ex. 116 et ex. 118, on a

$$P = \frac{15 r^2}{2} \sin 24° \quad \text{et} \quad P' = 15 r^2 \tan 12°.$$

D'où $\quad\quad\quad P - P' = \frac{15 r^2}{2} (2 \tan 12° - \sin 24°)$.

Soit un instant $12° = a$;

$$2 \tan a - \sin 2a = 2 \tan a - 2 \sin a \cos a = 2 \tan a - 2 \tan a \cos^2 a$$

$$= 2 \, \mathrm{tang} \, a \, (1 - \cos^2 a) = 2 \, \mathrm{tang} \, a \sin^2 a.$$

(Nous avons remplacé $\sin a$ par $\mathrm{tang} \, a \cos a$.) Nous avons donc

$$\mathrm{P} - \mathrm{P}' = 15 \, r^2 \, \mathrm{tang} \, 12° \sin^2 12° = 248^m.$$

On calcule r par logarithmes.

Ex. 175.

Soit SBC le rayon solaire, AB la hauteur de l'homme; son ombre est $\mathrm{AC} = 2\mathrm{AB}$. Faites la figure.

$$\mathrm{AB} = \mathrm{AC} \, \mathrm{tang} \, \mathrm{C}; \quad \mathrm{tang} \, \mathrm{C} = \frac{\mathrm{AB}}{\mathrm{AC}} = \frac{1}{2}.$$

$$\log \mathrm{tang} \, \mathrm{C} = \log 0{,}5. \quad \mathrm{C} = 26°33'\,54'',2. \quad (\text{Ex. 86})$$

2° Cas. $\mathrm{AB} = 2\mathrm{AC}$. Dans ce cas $\mathrm{tang} \, \mathrm{C} = 2$. On trouve aussi aisément

$$\mathrm{C} = 63°\,26'\,5'',8.$$

Ex. 176.

Rép. $\mathrm{AB} = 69^m,468$.

(*Fig. de l'ex.* 175.) AB est la hauteur de la tour. $\mathrm{AC} = 108^m$;

$$\mathrm{C} = 32°\,45'; \quad \mathrm{AB} = 108^m \times \mathrm{tang} \, 32°\,45'.$$

On calcule AB par logarithmes.

Ex. 177.

On donne un côté, une hauteur et un angle.

1er Cas. Le côté donné est la base, et l'angle donné est opposé. On donne a, A et h. C'est le cas traité n° 120 de l'appendice.

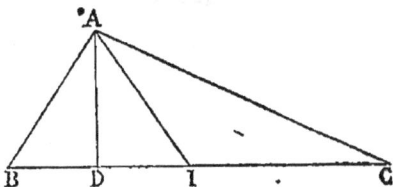

2° Cas. Le côté donné est la base et l'angle donné est adjacent. On donne a, AD et l'angle B.

On calcule AB et BD du triangle ABD. Connaissant BD, on connaît $\mathrm{DC} = a - \mathrm{BD}$, et on peut résoudre le triangle ADC pour trouver AC et l'angle C.

3e Cas. Le côté donné n'est pas la base. On donne b, B et AD. On résout le triangle ABD pour trouver c et BD, puis le triangle ADC pour trouver C et CD.

4e Cas. On donne A, AD et AC.

On calcule l'angle C ; $\sin C = \dfrac{DA}{AC}$. Connaissant A, C, et b, on est ramené au 1er cas général.

Ex. 178.

On donne une hauteur, la surface et un angle.

Supposons que la base soit a ; $2S = ah$; d'où $a = \dfrac{2S}{h}$. On calcule a et on est ramené à l'Exercice précédent.

Ex. 179.

On connaît $a - (b - c) = a + c - b = 2(p - b)$.

Or, $\qquad r = (p - b) \tang 1/2\,B$.

On calcule r. D'un autre côté

$$a + b - c = 2(p - c), \text{ et } r = (p - c) \tang 1/2\,C.$$

On calcule C. Connaissant a, B et C, on est ramené au 1er cas général.

Ex. 180.

$$\frac{b}{c} = m \,;\; b = mc.$$

$$a^2 = b^2 + c^2 - 2bc \cos A = c^2(1 + m^2 - 2m \cos A)$$

Mais $\quad 1 + m^2 - 2m \cos A = (1 + m)^2 - 2m\,(1 + \cos A) =$

$$(1 + m)^2 - 4m \cos^2 1/2\,A.$$

On pose $\dfrac{4m \cos^2 1/2\,A}{(1 + m)^2} = \sin^2 \varphi$; d'où $(1 + m)^2 - 4m \cos^2 1/2\,A =$

$(1 + m)^2 \cos^2 \varphi$; d'où enfin $c^2 = \dfrac{a^2}{(1 + m)^2 \cos^2 \varphi}$.

Il n'y a plus qu'à appliquer les logarithmes.

Ex. 181.

On donne b, c et la bissectrice AP.

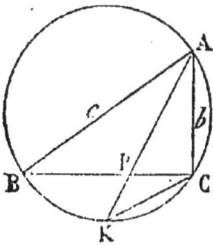

Les triangles ABP, AKC sont semblables (l'angle BAP = KAC, et B = K). On en déduit

$$\frac{AB}{AP} = \frac{AK}{AC} \text{ ou } \frac{c}{AP} = \frac{AK}{b}; \text{ d'où } AK = \frac{b \times c}{AP}$$

AK est donc connu; on connaît PK = AK — AP;

$$\frac{BP}{PC} = \frac{c}{b} \text{ et } BP \times PC = AP \times PK;$$

on peut donc calculer aisément BP et PC, dont la somme est a. Connaissant a, b, c on peut trouver les angles.

Ex. 182.

On donne a, A et la médiane AI = m. (*Fig. de l'Ex.* 177.)

$$b^2 + c^2 = 1/2\, a^2 + 2m^2.$$

On connaît donc $b^2 + c^2$.

$$a^2 = b^2 + c^2 - 2b \times c \cos A = 1/2\, a^2 + 2m^2 - 2bc \cos A.$$

D'où
$$2bc = \frac{2m^2 - 1/2\, a^2}{\cos A};$$

qu'on rend facilement calculable par logarithmes.

Connaissant $2bc$, et $b^2 + c^2$, on trouve aisément $b + c$ et $b - c$, puis b et c. Puis on calcule B et C.

$$(b+c)^2 = (b^2 + c^2 + 2bc), \text{ et } (b-c)^2 = b^2 + c^2 - 2bc.$$

Ex. 183.

$$a^2 = b^2 + c^2 - 2bc \cos A \text{ et } b^2 + c^2 = 1/2\, a^2 + 2m^2.$$

On en déduit
$$\cos A = \frac{2m^2 - 1/2\, a^2}{2bc}.$$

Le numérateur étant constant, le *maximum* de A ou le *minimum* de cos A a lieu quand $2bc$ est le plus grand possible. Or $(b-c)^2 = b^2 + c^2 - 2bc$; $(b-c)^2$ ne pouvant être négatif, $2bc$ ne peut surpasser $b^2 + c^2$; sa plus grande valeur est $b^2 + c^2$. Mais quand $2bc = b^2 + c^2$, $(b - c)^2 = 0$; $b = c$. L'angle A est donc le plus grand possible quand les côtés inconnus sont égaux.

$$b = c; \quad \cos A = \frac{2m^2 - 1/2\,a^2}{2b^2} = \frac{2m^2 - 1/2\,a^2}{2m^2 + 1/2\,a^2} = \frac{4m^2 - a^2}{4m^2 + a^2}.$$

Ex. 184.

Soient a, b, c et h les côtés et la hauteur, et q la raison de la progression. $b = aq$; $c = aq^2$; $h = aq^3$. $2S = ah = a^2 q^3$.
D'un autre côté $\quad 2S = bc \sin A = a^2 q^3 \sin A$.
Donc $\quad a^2 q^3 = a^2 q^3 \sin A$; $\sin A = 1$, et $A = 90°$;
le triangle est donc rectangle en A.

Mais alors $\quad b = aq = a \sin B$; donc $q = \sin B$.
De même $\quad c = aq^2 = a \cos B$; donc $q^2 = \cos B$;
$\quad\quad\quad\quad \cos B = \sin^2 B$ ou $\cos B = 1 - \cos^2 B$.

Par suite $\cos^2 B + \cos B - 1 = 0$; $\cos B = \dfrac{-1 \pm \sqrt{1 + 4}}{2}$;

nous prendrons $\cos B = \dfrac{-1 + \sqrt{5}}{2}$, en laissant de côté la racine négative qui ne convient pas.

Nous avons vu (Ex. 14) que $\sin 18° = \dfrac{-1 + \sqrt{5}}{4}$,
donc $\quad\quad\quad\quad\quad\quad \cos B = 2 \sin 18°$.

On calculera aisément B, puis C. Connaissant a et B, on est ramené au 1er cas général.

$$(C = 38° \, 10' \, 21'',6 \, ; \, B = 51° \, 49' \, 38'',4).$$

Ex. 185.

Soit ABC le triangle et VE une transversale l qui, rencontrant AB et AC, divise ABC en deux parties équivalentes. Posons

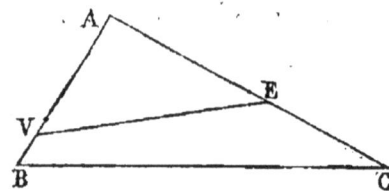

$AV = x$ et $AE = y$.

Pour ABC, $2S = bc \sin A$; pour AVE, $2S' = xy \sin A$. Mais AVE $=$ 1/2 ABC; donc $xy = 1/2\,bc$; $2xy = bc$.

5

D'un autre côté $l^2 = x^2 + y^2 - 2xy \cos A$. On en conclut :

$$l^2 = x^2 + y^2 + 2xy - 2xy(1 + \cos A) = (x + y)^2 - 2bc \cos^2 1/2\,A.$$

Le minimum de l correspond au minimum de $x + y$; or xy étant constant, la somme $x + y$ est la plus petite possible quand $x = y$ (V. l'algèbre).

x étant égal à y, $xy = x^2 = 1/2\,bc$; $y = x = \sqrt{1/2\,bc}$

$$l^2 = 1/2\,bc + 1/2\,bc - bc \cos A = bc(1 + \cos A) = 2bc \sin^2 1/2\,A.$$

Telle est la plus petite valeur du carré de la transversale qui rencontre b et c (opposée à A).

Si la transversale que j'appellerai alors l' rencontrait a et c, la plus petite valeur serait $l'^2 = 2ac \sin^2 1/2\,B$; si elle rencontrait a et b, on aurait $l''^2 = 2ab \sin^2 1/2\,C$. De ces trois transversales l, l', l'', quelle est la plus petite ? Pour le savoir, nous remplacerons bc par

$$\frac{2S}{\sin A} = \frac{2S}{2 \sin 1/2\,A \cos 1/2\,A}; \text{ d'où } l^2 = \frac{4S \sin 1/2\,A}{\cos 1/2\,A} = 4S \tang 1/2\,A.$$

De même $l'^2 = 4S \tang 1/2\,B$, et $l''^2 = 4S \tang 1/2\,C$.

La plus petite tangente appartient au plus petit angle. La transversale la plus petite traverse donc les côtés du plus petit angle du triangle. Soit A cet angle; le minimum de l est $\sin 1/2\,A \sqrt{2bc}$.

Ex. 186.

Soit MN un plan horizontal quelconque qui rencontre la verticale en B, AD et AC en D et en C. Je mène BD, BC et DC; BD et BC sont les projections horizontales de AD et de AC, et DBC est l'angle DAC réduit à l'horizon; il faut calculer DBC connaissant DAB, CAD et DAC. On suppose AB qui est quelconque égal à 1. La résolution du triangle rectangle BAD donne AD et DB; celle du triangle ABC donne AC et BC. Connaissant dans le triangle ADC, les côtés AD, AC et l'angle DAC, on calcule DC. Enfin on calcule l'angle DBC connaissant les trois côtés BD, BC et DC du triangle BDC.

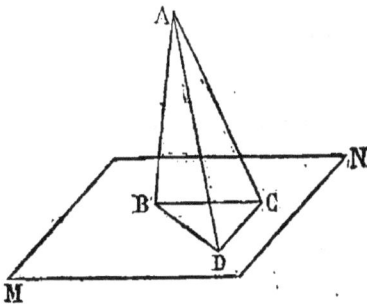

Ex. 187.

On applique la formule du n° 116; zone $= 4\pi R^2 \sin^2 1/2\, a$.

$1/2\, a = 53°39'54'',2$; $R = 876^m,24$. *Rép.* Zone $= 6261227^{mq}$.

Ex. 188.

On applique la formule du n° 117; zone $= 4\pi R^2 \sin 1/2\, a$ $\sin(b + 1/2\, a)$.
$b = 76°47'42''$; $1/2\, a = 23°39'43'',9$. $R = 564$; zone $= 1577650^{mq}$.

Ex. 189.

V. n° 118. On applique la formule qui termine ce n°. Zone $= 4\pi R^2 \sin 1/2\, A$.

$1/2\, a = 28°9'15'',5$; $R = 564$. Zone $= 1886223^{mc}$.

Ex. 190

Une zone est à la surface de sa sphère comme sa hauteur est au

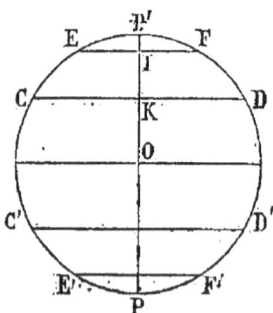

diamètre de sa sphère. Nous avons vu n° 116 que la hauteur d'une zone à une base a pour expression $2R \sin^2 1/2\, a$. La zone glaciale est donc une fraction de la surface terrestre égale à $\dfrac{2R \sin^2 1/2\, a}{2R} =$ $\sin^2 1/2\, a$; $a = 23°27'30''$.

2° *Zone tempérée.* Le rapport est $\dfrac{2R \sin 1/2\, a \sin(b + 1/2\, a)}{2R} =$

$\sin 1/2\, a \sin(b + 1/2\, a)$ (n° 117); $a = 90° - 2$ fois $23°27'30'' = 90° - 46°55' = 43°5'$ et $b = 23°27'30''$; $1/2\, a = 21°32'30''$; $b + 1/2\, a = 45°$.

3° *Zone torride.* Elle est partagée en deux par l'équateur. C'est la plus grande zone décrite par l'arc de $46°55'$. La corde de l'arc est parallèle à l'axe; la hauteur de la zone est $2R \sin 1/2\, a$. Le rapport de cette hauteur à $2R$ est $\sin 1/2\, a = \sin 23°27'30''$.

Les rapports demandés sont pour une zone glaciale $0,041325$ et pour les deux zones $0,082650$; pour une zone tempérée $0,259634$

et pour les deux zones 0,519268; pour la zone torride 0,398082.

En additionnant 2 zones glaciales + 2 zones tempérées + la zone torride, on doit retrouver la surface de la terre représentée par 1. Cette somme est bien 1, la vérification est complète.

Ex. 191.

On a, d'après la formule du n° 116, $4\pi R^2 \sin^2 1/2\, a = 4/5\pi R^2$, d'où $\sin^2 1/2\, a = 1/5 = 0,2$. On applique les logarithmes.
Rép. $a = 53°7'48'',2$.

Ex. 192.

Soit A le point d'où l'on observe; on mène les tangentes AD, AE, puis les droites AO, OD et OE. L'arc générateur de la zone est DC qui mesure l'angle AOD du triangle rectangle OAD. Il faut calculer l'angle AOD; $R = (R + 120) \cos AOD$. Log cos AOD = log R — log (R + 120). On cherche le rayon de la terre $R = \dfrac{20000000^m}{\pi}$; puis log R et log (R + 120). On trouve ainsi AOD = 21'; arc DC = 21'. Il n'y a plus qu'à appliquer la formule du n° 116.

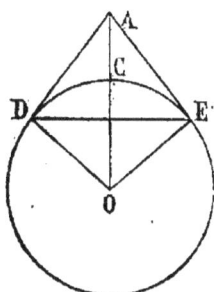

Zone = 4751260000^{mq}, avec l'approximation que peuvent donner les tables quand il s'agit d'arcs si petits et de nombres si grands.

Ex. 193.

Les marins sont à la plus grande distance demandée quand le rayon visuel, allant de l'un, A, à l'autre, A', rase la surface de la mer, quand ils ont la position indiquée sur notre figure. En effet, supposons-les placés ainsi, et imaginons qu'ils s'éloignent à partir de là; il est évident qu'ils ne s'apercevront plus. Imaginons qu'ils se rapprochent; ils s'apercevront évidemment. La distance qui les sépare est à *vol d'oiseau* la droite AKA' composée de AK $= \sqrt{(2R + h) \times h}$ et de A'K $= \sqrt{(2R + h') \times h'}$. *La distance mesurée sur la surface de la mer*, qui est la véritable distance demandée, est l'arc VKV' composé de VK et de KV'. On trouve

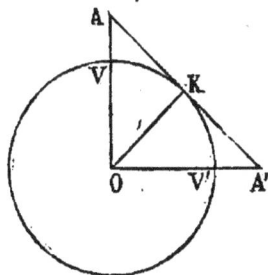

la graduation de VK comme nous avons trouvé celle de DC dans l'exercice précédent par l'égalité R = (R + h) cos AOK; soit n°. On cherche ensuite sa longueur par comparaison avec la circonférence (360°) qui est longue de 40000000 de mètres.

On trouve la graduation, puis la longueur de V'K de la même manière, en remplaçant h par h'; puis on ajoute VK et V'K.

Si les marins étaient placés à la même hauteur h au-dessous de la mer, il n'y aurait qu'un calcul à faire; on chercherait AK ou VK et on doublerait.

Ex. 194.

Résolvons le problème général. Soient a la génératrice du cône, α l'angle de a avec l'axe, H la hauteur, et R le rayon de la base. (Faites une fig. ou voy. la fig. de l'Ex. 203.)

La surface convexe est $\pi R \times a$, et le volume $= 1/3\, \pi R^2 H$.

Mais $\qquad\qquad R = a\sin\alpha \quad$ et $\quad H = a\cos\alpha$, $\qquad\qquad$ donc

surface $= \pi a^2 \sin\alpha$ et vol $= 1/3\, \pi a^3 \sin^2\alpha \cos\alpha$. $\quad (n)$

Il n'y a qu'à appliquer les logarithmes, en prenant $a = 428$ et $\alpha = 48°19'43''$,

$\qquad$ *surface* $= 429873^{mq}$, $\qquad$ volume $= 30456900^{mc}$.

Ex. 195.

Nous venons d'établir ces formules générales (Ex. 191, égalités (n)).

Ex. 196.

Quand on ouvre la surface conique, tous les points de la circonférence de la base restant à la même distance du sommet se placent sur un arc de cercle ayant pour rayon la génératrice du cône; la surface conique développée est devenue un secteur circulaire. L'arc de ce secteur, qui a pour rayon la génératrice a, est égal en longueur à la circonférence de la base qui a pour rayon R. Soit n le nombre de degrés de l'arc du secteur; la longueur de cet arc est $\dfrac{2\pi a \times n}{360}$; la longueur de la circonférence est $2\pi R$. On a donc

$$\frac{2\pi a \times n}{360} = 2\pi R \quad \text{d'où} \quad n = \frac{360 \times R}{a} = \frac{360 \times a\sin\alpha}{a} = 360\sin\alpha.$$

Dans notre exemple $\alpha = 48°19'43''$; on trouve $n = 268°54'33'',1$.

Ex. 197.

L'inégalité à démontrer est $\dfrac{\sin a}{a} > \dfrac{\sin (a+b)}{a+b}$, ou $a\sin a +$
$b \sin a > a \sin a \cos b + a \sin b \cos a$.

Divisons par $\cos a$; il vient

$$a \tang a + b \tang a > a \tang a \cos b + a \sin b. \quad (m)$$

Or $a \tang a$ est plus grand $a \tang a \cos b$, puisque $\cos b < 1$. En second lieu, b étant plus grand que $\sin b$ et $\tang a > a$, $b \tang a$ est plus grand que $a \sin b$. On a donc bien $a \tang a + b \tang a > a \tang a \cos b + a \sin b$.

L'inégalité (m) et par suite les précédentes qui en résultent sont donc vraies.

Ex. 198.

L'inégalité à démontrer est $\dfrac{\tang a}{a} < \dfrac{\tang (a+b)}{a+b}$, autrement

$$\dfrac{a+b}{a} < \dfrac{\tang (a+b)}{\tang a}.$$

Je retranche 1 de chaque membre de la dernière inégalité, et je réduis au même dénominateur.

$$\dfrac{(a+b) - a}{a} < \dfrac{\tang (a+b) - \tang a}{\tang a}. \quad (m)$$

On sait que $\tang (a+b) - \tang a = \dfrac{\sin [(a+b) - a]}{\cos (a+b) \cos a}$ (f. 29)

$= \dfrac{\sin b}{\cos a \cos (a+b)}$. Je remplace dans (m), et j'ai

$$\dfrac{b}{a} < \dfrac{\sin b}{\cos (a+b) \cos a \tang a} \quad \text{ou} \quad \dfrac{b}{a} < \dfrac{\sin b}{\sin a \cos (a+b)};$$

ce qui revient à $\dfrac{\sin a \cos (a+b)}{a} < \dfrac{\sin b}{b}. \quad (n)$

On peut supposer que b est le plus petit des deux arcs; car l'accroissement peut être supposé progressif et continu. Or b étant $< a$, nous savons (Ex. 197) que

$$\dfrac{\sin b}{b} > \dfrac{\sin a}{a}; \quad \textit{à fortiori} \quad \dfrac{\sin b}{b} > \dfrac{\sin a \cos (a+b)}{a}$$

La dernière inégalité (n) et par suite toutes les précédentes qui en résultent sont donc vraies.

Ex. 199.

D'après l'Ex. 116 les aires des polygones réguliers inscrits de n et de $n+1$ côtés sont respectivement $1/2\ nR^2 \sin \dfrac{2\pi}{n}$, et $1/2(n+1)\ R^2 \sin \dfrac{2\pi}{n+1}$.

Nous pouvons laisser de côté les facteurs communs ; il suffit de démontrer l'inégalité $(n+1) \sin \dfrac{2\pi}{n+1} > n \sin \dfrac{2\pi}{n}$.

Mais $(n+1) \sin \dfrac{2\pi}{n+1} = \sin \dfrac{2\pi}{n+1} : \dfrac{1}{n+1}$, et $n \sin \dfrac{2\pi}{n} = \sin \dfrac{2\pi}{n} : \dfrac{1}{n}$; notre inégalité peut donc s'écrire ainsi :

$$\sin \frac{2\pi}{n+1} : \frac{1}{n+1} > \sin \frac{2\pi}{n} : \frac{1}{n}.$$

Elle équivaut à celle-ci :

$$\sin \frac{2\pi}{n+1} : \frac{2\pi}{n+1} > \sin \frac{2\pi}{n} : \frac{2\pi}{n}.$$

Cette dernière inégalité est vraie puisqu'elle exprime que le rapport d'un arc au sinus est plus grand quand l'arc est plus petit ; ce qui a été prouvé dans l'Ex. 197.

Ex. 200.

D'après l'Ex. 118, les aires des polygones réguliers circonscrits de n et de $n+1$ côtés sont respectivement

$$nR^2 \tang \frac{\pi}{n} \quad \text{et} \quad (n+1)R^2 \tang \frac{\pi}{n+1}.$$

Il faut démontrer l'inégalité $(n+1) \tang \dfrac{\pi}{n+1} < n \tang \dfrac{\pi}{n}$; qui revient à celle-ci : $\tang \dfrac{\pi}{n+1} : \dfrac{1}{n+1} < \tang \dfrac{\pi}{n} : \dfrac{1}{n}$. (V. l'Ex. 196),

ou bien encore à celle-ci : $\tang \dfrac{\pi}{n+1} : \dfrac{\pi}{n+1} < \tang \dfrac{\pi}{n} : \dfrac{\pi}{n}$.

Cette dernière est vraie, puisqu'elle exprime que le rapport d'un arc à sa tangente est plus petit quand l'arc est plus petit ; ce qui a été démontré dans l'Ex. 198.

Ex. **201**.

$$a = 1/2\, n\mathrm{R}^2 \sin \frac{2\pi}{n}; \quad a' = 1/2 \left(2n\mathrm{R}^2 \sin \frac{2\pi}{2n} \right); \quad a'' = 1/2 \left(4n\mathrm{R}^2 \sin \frac{2\pi}{4n} \right).$$

Posons pour simplifier $\dfrac{2\pi}{4n} = \alpha; \quad \dfrac{2\pi}{2n} = 2\alpha; \quad \dfrac{2\pi}{n} = 4\alpha.$

En supprimant le facteur commun $1/2\, n\mathrm{R}^2$ on trouve

$$\frac{a'' - a'}{a' - a} = \frac{4 \sin \alpha - 2 \sin 2\alpha}{2 \sin 2\alpha - \sin 4\alpha} = \frac{4 \sin \alpha - 4 \sin \alpha \cos \alpha}{2 \sin 2\alpha - 2 \sin 2\alpha \cos 2\alpha} =$$

$$\frac{4 \sin \alpha (1 - \cos \alpha)}{2 \sin 2\alpha (1 - \cos 2\alpha)} = \frac{4 \sin \alpha (1 - \cos \alpha)}{4 \sin \alpha \cos \alpha (1 - \cos 2\alpha)} =$$

$$\frac{1 - \cos \alpha}{\cos \alpha (1 - \cos 2\alpha)} = \frac{2 \sin^2 1/2\, \alpha}{2 \cos \alpha \sin^2 \alpha} = \frac{\sin^2 1/2\, \alpha}{4 \cos \alpha \sin^2 1/2\, \alpha \cos^2 1/2\, \alpha} =$$

$$\frac{1}{4 \cos \alpha . \cos^2 1/2\, \alpha}.$$

Mais $\alpha = \dfrac{2\pi}{n}$; quand $n = \infty$, $\alpha = 0$; $\cos \alpha = 1$; $\cos \dfrac{1}{2}\, \alpha = 1$.

La limite cherchée est donc $1/4$.

Ex. **202**.

Soit O le centre de la base ; SO est la hauteur. Abaissons OD per-

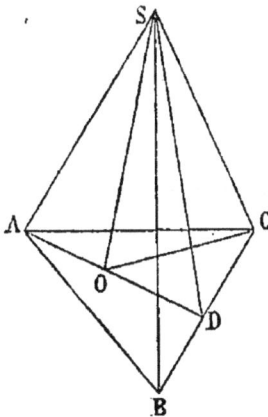

pendiculaire à BC et joignons SD. On sait que SD est perpendiculaire à BC ; l'angle SDO mesure l'angle dièdre. Soit SDO $= \alpha$ et SC $=$ AC $= a$. Le triangle SDO donne OD $=$ SD $\cos \alpha$; d'où $\cos \alpha = \dfrac{\mathrm{OD}}{\mathrm{SD}}$.

Mais OD $= 1/3\ \mathrm{AD} = 1/3\ \mathrm{AC} \cos \mathrm{DAC} = 1/3\ \mathrm{AC} \cos 30°$; car l'angle du triangle équilatéral est égal à 60°. Le triangle rectangle SDC donne

$$\mathrm{SD} = \mathrm{SC} \cos \mathrm{DSC} = \mathrm{SC} \cos 30°.$$

On a donc $\cos \alpha = \dfrac{1/3\ \mathrm{AC} \cos 30°}{\mathrm{SC} \cos 30°} = \dfrac{1}{3}$, puisque AC $=$ SC.

$$\text{Log cos } \alpha = -\log 3 = \overline{1},5228788.$$

$(\log 3 = 0,4771212)$

$$\begin{array}{r|r} 9002 & \\ \hline 2140 & 596 \\ 3520 & 3,5 \\ \hline \end{array}$$

$\alpha = 70°31'43'',5$

Ex. 205.

Soient $OC = r$ le rayon de la sphère, $DB = R$ et $DSB = \alpha$.

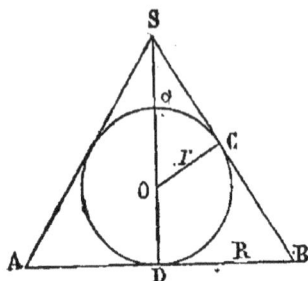

Vol. cône $= 1/3 \, \pi R^2 \times SD$; surf. cône $= \pi R \times SB$.

Le triangle SOC donne $OC = SO \sin \alpha$, ou $r = (SD - r) \sin \alpha = SD \sin \alpha - r \sin \alpha$;

d'où $\quad SD = \dfrac{r(1 + \sin \alpha)}{\sin \alpha}$.

Le triangle SDB donne DB ou $R = SD \, \text{tang} \, \alpha = SB \sin \alpha$.

Donc $\quad R = \dfrac{r(1 + \sin \alpha)}{\sin \alpha} \times \dfrac{\sin \alpha}{\cos \alpha} = \dfrac{r(1 + \sin \alpha)}{\cos \alpha}$, et $SB = \dfrac{R}{\sin \alpha}$.

Par suite

$$\text{vol.} = \frac{\pi r^3 \times (1 + \sin \alpha)^3}{3 \sin \alpha \cos^2 \alpha} \quad \text{et} \quad \text{surf.} = \frac{\pi r^2 (1 + \sin \alpha)^2}{\sin \alpha \cos^2 \alpha}.$$

$Cos^2 \alpha = (1 - \sin^2 \alpha) = (1 + \sin \alpha)(1 - \sin \alpha)$; on en conclut :

$$\text{vol.} = \frac{\pi r^3 \times (1 + \sin \alpha)^2}{3 \sin \alpha (1 - \sin \alpha)} \quad \text{et} \quad \text{surf.} = \frac{\pi r^2 (1 + \sin \alpha)}{\sin \alpha (1 - \sin \alpha)}.$$

Ces expressions peuvent être aisément rendues calculables par logarithmes, puisque

$$1 + \sin \alpha = 1 + \cos (90° - \alpha) = 2 \cos^2 (45° - 1/2 \, \alpha);$$

de même $\quad 1 - \sin \alpha = 2 \sin^2 (45° - 1/2 \, \alpha).$ (Ex. 60).

Il n'y a plus qu'à remplacer α et r par leurs valeurs données, puis à faire les calculs par logarithmes.

Vol. $= 332240000^{mc}$ \quad surf. convexe $= 3237097^{m\varsigma}$.

Ex. 204. \quad (même fig.)

Nous avons trouvé (Ex. 203),

$$\text{vol.} = \frac{1}{3} \pi r^3 \times \frac{(1 + \sin \alpha)^2}{\sin \alpha (1 - \sin \alpha)}. \quad (n)$$

On voit d'abord qu'il n'y a pas de maximum; car $\sin \alpha = 0$ ou

$\alpha = 0$, ainsi que $\alpha = 90°$ ou $\sin \alpha = 1$ donne vol. $= \infty$; ce que la figure met en évidence. Pour trouver le minimum, posons $\sin \alpha = z$ et la partie variable $\dfrac{(1+z)^2}{z(1-z)} = m$.

$1 + z^2 + 2z = mz - mz^2$; d'où $(1+m)z^2 + (2-m)z + 1 = 0$;

d'où
$$z = \frac{m - 2 \pm \sqrt{(m-2)^2 - 4(1+m)}}{2(1+m)};$$

$(m-2)^2 - 4 - 4m = m^2 - 4m + 4 - 4 - 4m = m^2 - 8m$.

On doit avoir $m(m-8) > 0$ ou au moins égal à 0.

m ne peut pas être négatif; on doit donc avoir $m > 8$ ou au moins $m = 8$; le minimum de $m = 8$.

Mais alors le radical est nul; z ou $\sin \alpha = \dfrac{m-2}{2(m+1)} = \dfrac{8-2}{2(8+1)} = \dfrac{6}{18} = 1/3$.

L'angle au sommet du cône minimum est donc arc sin 1/3.

$$\text{Log} \sin \alpha = -\log 3.$$

On trouve aisément $\alpha = 70°31'43'',5$. (Ex. 202.)

En remplaçant sin α par 1/3 dans l'expression (n) du volume, on trouve que le vol. minimum $= 8/3\,\pi r^3$. Dans ce cas $SD = 4r$.

REMARQUE IMPORTANTE. Nous signalons à l'attention du lecteur le moyen que nous venons d'employer pour obtenir le maximum ou le minimum de l'expression trigonométrique $\dfrac{1 + \sin \alpha}{\sin \alpha (1 \sin \alpha)}$. En posant $\sin a = z$, nous avons rendu notre expression simplement algébrique et diminué notablement la difficulté de la question proposée. Quand $\sin \alpha = z$, $\cos \alpha = \sqrt{1 - z^2}$. Ce moyen peut souvent être employé. Voy. plus loin l'exercice 206.

Ex. 205. (même fig.)

En raisonnant comme dans l'exercice 204, on trouve surface convexe $= \pi R \times SB = \dfrac{\pi R^2}{\sin \alpha}$, et $R = \dfrac{r(1 + \sin \alpha)}{\cos \alpha}$. De cette dernière égalité on déduit

$$R^2 = \frac{r^2(1 + \sin \alpha)^2}{\cos^2 \alpha} = \frac{r^2(1 + \sin \alpha)}{1 - \sin \alpha},$$

en remplaçant $\cos^2\alpha$ par $1 - \sin^2\alpha = (1 + \sin\alpha)(1 - \sin\alpha)$;
puis $R^2 - R^2\sin\alpha = r^2 + r^2\sin\alpha$; d'où $R^2 - r^2 = (R^2 + r^2)\sin\alpha$,

et enfin, $$\sin\alpha = \frac{R^2 - r^2}{R^2 + r^2}.$$

Donc enfin $$\text{surface conv.} = \pi R^2 \times \frac{R^2 + r^2}{R^2 - r^2}.$$

Ex. **206.** *(même fig.)*

On détermine d'abord l'expression de la surface

$$\text{Surface} = \frac{\pi r^2(1 + \sin\alpha)}{\sin\alpha(1 - \sin\alpha)}; \text{ ou surface} = \pi\frac{R^2(R^2 + r^2)}{R^2 - r^2};$$

On voit d'abord qu'il n'y a pas de maximum. La surface devient infinie pour $\sin\alpha = 0$ ou $R = r$, et pour $\sin\alpha = 1$ ou $R = \infty$.

Pour trouver le minimum, posons $R^2 = y$, puis

$$\frac{R^2(R^2 + r^2)}{R^2 - r^2} \text{ ou } \frac{y(y + r^2)}{y - r^2} = m \qquad (K)$$

$$y^2 + r^2y = my - mr^2; \quad y^2 + (r^2 - m)y + mr^2 = 0.$$

$$y = \frac{m - r^2 \pm \sqrt{(m - r^2)^2 - 4mr^2}}{2}. \text{ Pour trouver le minimum de } m,$$

posons $(m - r^2)^2 - 4mr^2 = 0$; $m^2 - 6mr^2 + r^4 = 0$;
d'où $m = 3r^2 \pm \sqrt{9r^4 - r^4} = 3r^2 \pm r^2\sqrt{8} = r^2(3 \pm \sqrt{8}).$

Soient m' et m'' ces deux valeurs de m; on a

$$(m - r^2)^2 - 4mr^2 = (m - m')(m - m'').$$

Pour que les valeurs de y soient réelles, les valeurs de m doivent être plus petites que m'' ou plus grandes que m'. Elles ne peuvent être plus petites que $m'' = r^2(3 - \sqrt{8})$; car cette valeur est plus petite que r^2; or d'après la figure, y ou R^2 est plus grand que r^2, et d'après l'équation (K), m est plus grand que y. La plus petite valeur possible de m est donc $r^2(3 + \sqrt{8})$.

Dans ce cas, surf. conv. $= \pi r^2(3 + \sqrt{8})$.

et $$y = \frac{m - r^2}{2} = r^2\frac{(2 + 2\sqrt{2})}{2} = r^2(1 + \sqrt{2}).$$

AUTRE MANIÈRE. Si l'on voulait appliquer l'autre formule, on poserait $\sin\alpha = z$, et $\dfrac{1 + z}{z(1 - z)} = m$.

$$1 + z = mz - mz^2; \text{ d'où } mz^2 + (1 - m)z + 1 = 0,$$

$$z = \frac{m - 1 \pm \sqrt{(m - 1)^2 - 4m}}{2m}.$$

On pose ensuite

$$(m-1)^2 - 4m = 0 \text{ ou } m^2 - 6m + 1 = 0; \ m = 3 \pm \sqrt{8}.$$

On ne peut pas prendre $m = 3 - \sqrt{8} < 1$; car alors $z = \dfrac{m-1}{2m}$ serait négatif; or $z = \sin\alpha$ et $\alpha < 90°$.

On ne peut prendre que $m = 3 + \sqrt{8}$ ou plus grand que $3 + \sqrt{8}$; Le minimum est $m = 3 + \sqrt{8}$, alors z

ou $\sin\alpha = \dfrac{m-1}{2m} = \dfrac{2 + 2\sqrt{2}}{6 + 4\sqrt{2}} = \dfrac{1 + \sqrt{2}}{3 + 2\sqrt{2}} = (1 + \sqrt{2})(3 - 2\sqrt{2}) = \sqrt{2} - 1.$

Ce qui fait connaître l'angle au sommet du cône de plus petite surface. Cet angle est 24° 28′ 11″,1. ($\sin\alpha = \sqrt{2} - 1 = 0,414213$).

Ex. 207.

Rép. : $x = 465^{\mathrm{m}}, 947$.

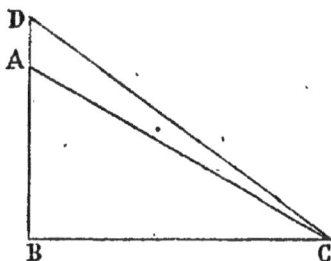

Soient AB et AD les hauteurs de la montagne et de la tour; la distance horizontale en question est BC.

Posons

$$AB = h; \ BD = h'; \ BC = x;$$
$$ACB = \alpha \text{ et } DCB = \beta.$$

On a d'abord $h = x \tan g \alpha$ et $h' = x \tan g \beta$; d'où on déduit $\tan g\alpha$ et $\tan g\beta$.

$$\text{Tang DCA} = \tan g(\beta - \alpha) = \frac{\operatorname{tg}\beta - \operatorname{tg}\alpha}{1 + \operatorname{tg}\beta \operatorname{tg}\alpha} = \frac{\dfrac{h'}{x} - \dfrac{h}{x}}{1 + \dfrac{hh'}{x^2}} = \frac{h'x - hx}{x^2 + hh'}.$$

Il faut trouver la valeur de x qui rend cette valeur maximum. On pose donc

$$\frac{(h' - h)x}{x^2 + hh'} = m, \text{ d'où } mx^2 + mhh' - (h' - h)x = 0;$$

d'où
$$x = \frac{h' - h \pm \sqrt{(h-h)^2 - 4m^2 hh'}}{2m}.$$

Pour que la valeur de x soit réelle, il faut que $4m^2 hh'$ soit au plus égal à $(h - h')^2$; au maximum $m^2 = \dfrac{(h' - h)^2}{4hh'}$.

Quand m^2 ou $\operatorname{tg}^2(\beta - \alpha)$ a cette valeur, $x = h' - h : \dfrac{2(h' - h)}{2\sqrt{hh'}} = \sqrt{hh'}$.

Ainsi donc la réponse à notre question est $x = \sqrt{459 \times (459 + 24)}$.

La distance cherchée est à peu près égale à la hauteur de la montagne.

Ex. 208.

$$(1) \quad a^2 = b^2 + c^2 - 2bc \cos A$$
$$(2) \quad b^2 = a^2 + c^2 - 2ac \cos B$$
$$(3) \quad c^2 = a^2 + b^2 - 2ab \cos C.$$

Additionnons les égalités (1) et (2); nous aurons
$$a^2 + b^2 = b^2 + a^2 + 2c^2 - 2bc \cos A - 2ac \cos B,$$
qui devient après des simplifications évidentes,
$$c = b \cos A + a \cos B. \qquad (4)$$

En additionnant (1) et (3), on trouve de même
$$b = c \cos A + a \cos C. \qquad (5)$$

Puis en additionnant (2) et (3) :
$$a = c \cos B + b \cos C. \qquad (6)$$

Substituons dans (4) la valeur (5) de b; nous aurons
$$c = c \cos^2 A + a(\cos A \cos C + \cos B). \qquad (7)$$

mais $B = 180° - (A + C)$ donne
$$\cos B = -\cos(A + C) = \sin A \sin C - \cos A \cos C.$$

En remplaçant $\cos B$ par cette valeur dans (7), on trouve
$$c(1 - \cos^2 A) \text{ ou } c \sin^2 A = a \sin A \sin C, \text{ ou } c \sin A = a \sin C;$$
d'où
$$\frac{c}{a} = \frac{\sin C}{\sin A}.$$

En mettant la valeur (6) de a dans (4), on trouve de même :

$$\frac{c}{b} = \frac{\sin C}{\sin B}$$ Enfin, en remplaçant c par sa valeur (4) dans l'égalité (5),

on trouve de même $\dfrac{b}{a} = \dfrac{\sin B}{\sin A}$.

Ex. 209.

$$\frac{a}{\sin A} = \frac{b}{\sin B} = \frac{c}{\sin C}$$ revient à $$\frac{a \cos B}{\sin A \cos B} = \frac{b \cos A}{\sin B \cos A} = \frac{c}{\sin C},$$

d'où on déduit $$\frac{a \cos B + b \cos A}{\sin A \cos B + \sin B \cos A} = \frac{c}{\sin C}.$$

Mais $\sin C = \sin (A + B) = \sin A \cos B + \sin B \cos A$;

donc $\qquad\qquad c = a \cos B + b \cos A$ (1).

On trouve de même $b = a \cos C + c \cos A$ (2), et $a = c \cos B + b$ $\cos C$ (3). Je multiplie (1), par c, (2) par b, et (3) par a. Puis j'ajoute les deux premières égalités, et de la somme je retranche la dernière, il vient après réduction

$$c^2 + b^2 - a^2 = 2bc \cos A;$$

d'où $\qquad\qquad a^2 = b^2 + c^2 - 2bc \cos A.$

En faisant autrement l'addition et la soustraction,

on trouve $\quad b^2 = a^2 + c^2 - 2ac \cos B$ et $c^2 = a^2 + b^2 - 2ab^2 \cos C$

Ex. 210.

$$\sin 2B = \frac{\sin 4C}{4 \cos^2 C - 2} = \frac{2 \sin 2C \cos 2C}{2 (\cos^2 C - 1)} = \frac{2 \sin 2C \cos 2C}{2 \cos 2C},$$

ou $\qquad \sin 2B = \sin 2C$. Par suite $2B = 2C$ et $B = C$,

ou $\qquad 2B = 180° - 2C$; $B = 90 - C$; $B + C = 90°$.

Le triangle ABC est donc isocèle ou rectangle.

Ex. 211.

$$\frac{\tan B}{\tan C} = \frac{\sin^2 B}{\sin^2 C}$$ revient à $$\frac{\sin B \cos C}{\cos B \sin C} = \frac{\sin^2 B}{\sin^2 C};$$

d'où $\qquad\qquad \sin C \cos C = \sin B \cos B$;

$$2 \sin C \cos C = 2 \sin B \cos B; \quad \sin 2C = \sin 2B;$$

d'où $\qquad$ $2C = 2B$ et $B = C$;

ou $\qquad$ $2C = 180° — 2B$; $C = 90° — B$; $B + C = 90°$.

Le triangle ABC est donc isocèle ou rectangle.

Ex. 212.

$1°$ $\quad \dfrac{a^2}{4} = S = \dfrac{a^2 \sin B \sin C}{2 \sin A}$ d'où $\sin A = 2 \sin B \sin C$.

$\sin A = \sin(B + C) = \sin B \cos C + \sin C \cos B = 2 \sin B \sin C$

d'où $\qquad \sin C (\cos B — \sin B) = \sin B (\sin C — \cos C)$ (*).

$$\frac{\sin B}{\sin C} = \frac{\cos B — \sin B}{\sin C — \cos C}; \qquad (m)$$

$2°$ $\qquad 1 + \tan(45° + B) = \dfrac{2 \cos C}{\sin C — \cos C};$

or $1 + \mathrm{tg}(45° + B) = \mathrm{tg}\,45° + \mathrm{tg}(45° + B) = \dfrac{\sin(90° + B)}{\cos 45° \cos(45° + B)}$ $(f.\ 29)$

$$= \frac{2 \sin(90° — B)}{2 \cos 45° \cos(45° + B)} = \frac{2 \cos B}{\cos(90° + B) + \cos B} = \frac{2 \cos B}{\cos B — \sin B}$$

(nous avons appliqué la form. 27 renversée); d'ailleurs, $90° + B$ est le supplément de $90° — B$ (**).

On a donc

$$\frac{2 \cos B}{\cos B — \sin B} = \frac{2 \cos C}{\sin C — \cos C} \qquad \text{ou} \qquad \frac{\cos B}{\cos C} = \frac{\cos B — \sin B}{\sin C — \cos C}.$$

En comparant à l'égalité (m) ci-dessus, on conclut :

$$\frac{\sin B}{\sin C} = \frac{\cos B}{\cos C}; \quad \text{d'où} \quad \frac{\sin B}{\cos B} = \frac{\sin C}{\cos C}; \quad \mathrm{tang}\,B = \mathrm{tang}\,C, \quad B = C.$$

Mais si $B = C$, l'égalité (m) donne

$$\cos B — \sin B = \sin B — \cos B ; \quad 2 \cos B = 2 \sin B ;$$
$$\cos B = \sin B; \quad \text{d'où} \quad B = 90° — B; \quad \text{ou } B = 45° \text{ et } C = 45°.$$

(*) On remplace $2 \sin B \sin C$ par $\sin B \sin C + \sin B \sin C$.

(**) Par suite, $\sin 90° + B = \sin(90° — B) = \cos B$; $\cos(90° + B) = —\cos(90° — B) = — \sin B$.

Le triangle ABC est donc isocèle et rectangle.

On satisfait aussi à $\dfrac{\sin B}{\sin C} = \dfrac{\cos B}{\cos C}$ en prenant $\sin B = \cos B$ et $\sin C = \cos C$ ou $B = 45°$ et $C = 45°$; ce qui conduit au même résultat.

Ex. 213.

Trouver la limite de $\dfrac{a \sin a}{a \cos a - \sin a}$ *pour* $a = 0$.

$$\frac{a \sin a}{a \cos a - \sin a} > \frac{a \sin a}{a - \sin a} > \frac{a \sin a}{1/4\, a^3} \text{ ou } \frac{\dfrac{\sin a}{a}}{1/4\, a^2} \text{ (n° 41)}.$$

Pour $a = 0$, lim. $\dfrac{\sin a}{a} = 1$; donc lim $\dfrac{a \sin a}{1/4\, a^3} = \dfrac{1}{0} = \infty$.

La quantité proposée $\dfrac{a \sin a}{a \cos a - \sin a}$, toujours plus grande que $\dfrac{a \sin a}{1/4\, a^3}$ devient donc ∞ quand $a = 0$.

REMARQUE. Nous engageons le lecteur à faire attention au moyen de simplification que nous venons d'employer. Nous avons *simplifié* le dénominateur en augmentant sa valeur, afin d'avoir toujours une quantité plus petite ; ce qui permet de conclure *à fortiori*.

FIN.

Paris. — Imprimé par E. THUNOT et Cᵉ, 26, rue Racine.

AIDE-MÉMOIRE

DE

TRIGONOMÉTRIE

OU

TABLEAU FIGURATIF

DES PRINCIPALES FORMULES DE LA TRIGONOMÉTRIE RECTILIGNE,

PAR

C. G. MÜNCH,

DIRECTEUR DE L'ÉCOLE INDUSTRIELLE MUNICIPALE DE STRASBOURG.

STRASBOURG,

CHEZ Mme Ve LEVRAULT, LIBRAIRE, RUE DES JUIFS, 33.

PARIS,

CHEZ P. BERTRAND, RUE SAINT-ANDRÉ-DES-ARCS, 65.

1847.

STRASBOURG, IMPRIMERIE DE G. SILBERMANN.

AVANT-PROPOS.

Le but ordinaire de la trigonométrie est la résolution des triangles par le calcul.

La connaissance raisonnée de l'origine et de la nature des formules employées à cet effet, est nécessaire pour pouvoir se rendre compte des opérations; elle est nécessaire aussi pour comprendre la construction des tables auxquelles on doit l'usage si facile et si répandu de la trigonométrie dans les travaux de géodésie, dans les constructions mécaniques, etc.

Mais parmi ceux qui se sont occupés de cette étude il n'y a guère que les personnes cultivant les hautes mathématiques et leurs applications, qui restent au courant de l'ensemble des nombreuses formules qu'elle présente; les autres ne retiennent le plus souvent que les résultats qui sont d'une application journalière.

Fournir un moyen facile de remonter aux calculs intermédiaires qui ont conduit à ces résultats, en venant à chaque instant au secours de la mémoire par des types figuratifs faciles à.retenir, tel a été mon but en composant ce tableau.

' Ce petit travail n'était d'abord destiné qu'à mon usage particulier, et si, en le livrant à l'impression, j'ai cédé à la demande de plusieurs de mes anciens élèves, j'ose espérer que par cette considération et en raison du modeste but que je me suis proposé, les connaisseurs voudront bien le juger avec indulgence.

AIDE-MÉMOIRE DE TRIGONOMÉTRIE.

TEXTE EXPLICATIF.

Nᵒˢ 1 et 2*.

Lignes trigonométriques.

On appelle lignes trigonométriques les côtés du triangle rectangle considérés dans leurs rapports mutuels de grandeur pour toutes les valeurs de l'arc qui mesure un des angles aigus de ce triangle. Ces côtés sont supposés exprimés en nombres à l'aide de l'un d'eux pris pour unité. On est parvenu ainsi à introduire dans les calculs les angles au moyen de la droite.

Tout ce qui suit se rattache donc aux propriétés du triangle rectangle, qui figure toujours, directement ou indirectement, dans les questions dont s'occupe la trigonométrie.

Rayon. C'est celui des côtés du triangle rectangle qu'on prend comme unité de mesure.

Lorsque c'est l'hypoténuse qu'on choisit pour rayon trigonométrique, les autres côtés s'appellent *sinus* et *cosinus*. Lorsque c'est un des côtés de l'angle droit qui fait fonction de rayon, l'autre prend le nom de *tangente* et l'*hypoténuse* celui de *sécante*.

Sinus d'un angle. C'est le côté de l'angle droit opposé à l'angle que l'on considère.

Cosinus. C'est le côté de l'angle droit qui est adjacent à l'angle principal.

Il est à remarquer que le sinus d'un angle est égal au cosinus

* Les numéros se rapportent aux cadres qui composent le tableau.

du complément de cet angle, et que son cosinus représente le. sinus de celui-ci.

On peut dire aussi que le *cosinus* est la projection du rayon sur le second côté de l'angle,- et que le *sinus* est la projection du même rayon pris pour côté du complément de cet angle sur l'autre côté de ce complément.

Dans les traités de trigonométrie, on explique comment on peut calculer les valeurs des sinus et des cosinus pour tous les arcs, quelque peu qu'on fasse varier l'angle. Comme ces calculs sont laborieux, on en a conservé et répandu les résultats, qui forment les recueils connus sous le nom de *Tables de sinus* et qui contiennent plusieurs milliers de triangles rectangles tout calculés entre les limites de 0° à 45°. Ce sont pour ainsi dire autant de patrons pour les triangles respectivement semblables.

Les calculs au moyen des nombres qui expriment les sinus en fractions du rayon, et qu'on appelle *sinus naturels*, seraient cependant fort longs si on ne faisait usage des logarithmes de ces nombres. De là vient que la plupart des recueils usuels ne contiennent pas même les sinus naturels, mais seulement leurs logarithmes, en supposant le rayon = 10 000 000 000 au lieu de 1, afin d'éviter l'emploi des logarithmes négatifs.

La connaissance des lignes trigonométriques qui viennent d'être nommées, suffit à la rigueur pour résoudre tous les triangles; mais dans beaucoup de cas les calculs se simplifient en prenant un côté de l'angle droit pour unité de mesure ou rayon. C'est ainsi qu'a pris naissance le second système, dans lequel on appelle *tangente de l'angle* la partie de la tangente indéfinie passant par l'origine de l'arc, comprise entre le rayon et l'autre côté de l'angle suffisamment prolongé. Ce dernier, qui est l'hypoténuse du triangle rectangle ainsi formé, prend alors le nom de *sécante*.

La tangente et la sécante du complément de l'angle se nomment *cotangente* et *cosécante*.

Règle des signes.

Les figures relatives à cet objet montrent suffisamment quand les valeurs des lignes trigonométriques doivent être précédées des signes + ou —; il suffira donc de remarquer que les arcs sont distingués dans ces figures par les signes A_1, A_2, A_3, A_4, suivant qu'ils se terminent dans l'un ou l'autre des quatre quadrants.

N° 3.

Puissances du sinus.

THÉORÈME.

En projetant le sinus sur le rayon on obtient un segment qui doit être représenté par sin².

En effet, en remplaçant le rayon trigonométrique par sa valeur $= 1$, et à cause de la similitude du triangle primitif et du nouveau triangle compris entre le sinus, sa projection et la perpendiculaire abaissée du pied du sinus sur le rayon, on aura

$$1 : sinA :: sinA : x,$$

ce qui donne sin^2A pour valeur de x.

La projection de sin^2 sur le *sinus* sera par la même raison sin^3, etc.

En appliquant le même procédé au *cosinus* on trouvera que sa projection sera cos^2, que celle de cos^2 sera cos^3, etc.

Ces résultats peuvent aussi s'écrire :

$$\div 1 : sinA : sin^2A : sin^3A : sin^4A : \text{etc.}$$
$$\div 1 : cosA : cos^2A : cos^3A : cos^4A : \text{etc.}$$

N° 4.

Puissances de la sécante.

Par une construction semblable à la précédente, mais faite dans un ordre inverse, on trouve les valeurs $séc^2A$, $séc^3A$, etc.

Produits des lignes trigonométriques.

En considérant la similitude des différents triangles que renferme cette figure, il sera facile d'écrire les proportions d'où résultent les valeurs des lignes : $SinA\ cosA$, $TangA\ sécA$, etc.

Soit, par exemple, x la perpendiculaire abaissée du pied du sinus sur le rayon, on aura :

$$1 : cosA :: sinA : x,$$

d'où
$$x = sinA\ cosA.$$

On trouvera de même pour valeur de la perpendiculaire élevée à l'extrémité de la sécante, en posant la proportion

$$1 : tangA :: sécA : x,$$
$$x = tangA\ sécA.$$

N°ˢ 5, 6 et 7.

Puissances de la tangente.

Pour obtenir les puissances de la tangente il suffit d'élever une perpendiculaire à l'extrémité de la sécante, et de mener par l'extrémité du rayon une parallèle à la même sécante ; en prolongeant ensuite le rayon, le segment compris entre le pied de la tangente et la perpendiculaire ci-dessus sera $tang^2A$; en élevant une perpendiculaire à l'extrémité de $tang^2A$ jusqu'à sa rencontre avec la parallèle, on aura *tang³A*, et ainsi de suite, tel que le montre la figure.

On remarquera qu'on aura encore ici construit une série de triangles semblables.

On remarquera encore que ces constructions peuvent servir à faire voir que les puissances des quantités moindres que l'unité deviennent de plus en plus petites et peuvent décroître à l'infini, et que les puissances des quantités plus grandes que l'unité croissent au delà de toute limite.

Nᵒˢ 8 et 9.

On a vu n° 3 que *sin²* est la projection du *sinus* sur le rayon, et *cos²* celle du *cosinus;* la somme de ces deux projections étant égale au rayon, on aura :

$$Sin^2A + cos^2A = 1.$$

L'égalité *séc²A = 1 + tang²A*, résulte des constructions de *tang²* et *séc²* qui se trouvent au n° 4 et suivants.

Les valeurs de *tangente, cotangente, sécante* et *cosécante* exprimées par les autres formules de ces deux numéros, se déduisent des proportions données par les triangles semblables formés par les lignes qui y sont désignées par leurs noms trigonométriques.

Nᵒˢ 10 et 11.

Nous renvoyons encore aux nᵒˢ 3 et 4 pour expliquer comment ces constructions représentent les formules qui les accompagnent.

C'est ainsi qu'en remontant à la construction de *sin²*, on verra immédiatement pourquoi *la demi-différence du rayon et du cosinus d'un arc est égale au carré du sinus de la moitié de cet arc.*

En remplaçant dans le n° 11 $\frac{1}{2}$A par A et A par 2A, on aura :

$$sin2A = 2 sinA cosA,$$

c'est-à-dire *qu'en prenant le double produit du sinus d'un arc par son cosinus, on aura le sinus d'un arc double.*

On aura de même

$$cos2A = cos^2A - sin^2A.$$

N°s 12, 13 et 14.

Ces figures se trouvent dans tous les traités de trigonométrie. Elles ont été reproduites ici afin d'y appliquer le système adopté pour les constructions précédentes.

N° 15.

Exprimer en fonction du sinus d'un arc la valeur du sinus d'un arc triple, tel est le but de cette construction.

Or, d'après n° 3, sin^3A est la projection de sin^2A sur $sinA$; mais en retranchant sin^3A de $sinA$, on aura une valeur $sinA - sin^3A$, telle qu'en la prenant trois fois elle surpassera $sin3A$ de la quantité sin^3A; il faudra donc retrancher cette dernière valeur de $3(sinA - sin^3A)$ pour avoir $sin3A$, et il viendra en effet :

$$sin3A = 3 sinA - 4 sin^3A.$$

N° 16.

En suivant une marche analogue on trouvera l'accord entre ces constructions et les formules qui s'y rapportent.

Ces constructions de la tangente de la somme et de celle de la différence de deux arcs étant nouvelles, et très-propres, à notre avis, à servir à la démonstration géométrique des formules qui en donnent les valeurs, nous entrons dans quelques détails à cet égard.

1°. $Tang(A+B)$.

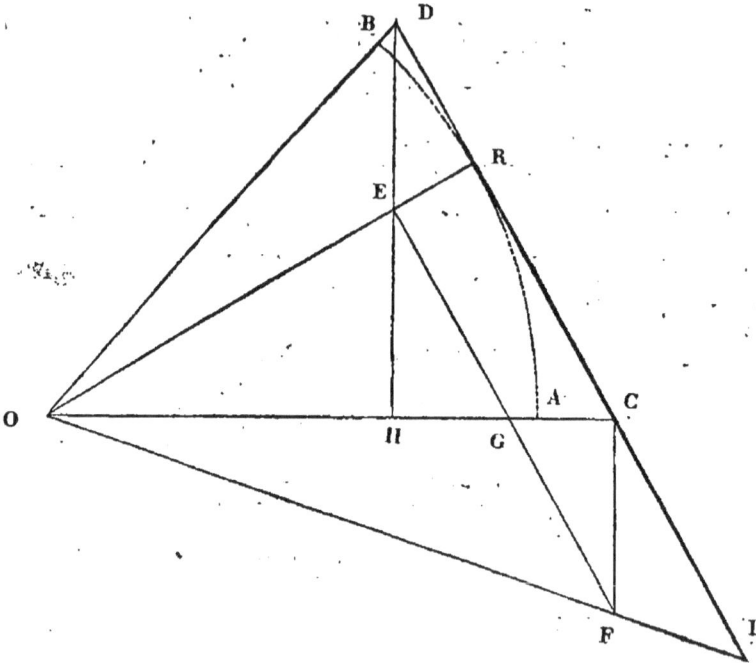

Soit ROC = angle A, ayant pour mesure l'arc AR,

ROD = angle B, ayant pour mesure l'arc BR,

DC perpendiculaire sur RO,

DH et CF perpendiculaires sur OC,

EF parallèle à DC, on aura :

$$RO = \text{rayon} = 1, RC = tang A, RD = tang B,$$
$$CD = EF = tang A + tang B.$$

Les triangles rectangles EDR, EOH, ROC sont semblables, d'où : $$RO : RC :: RD : RE,$$

ou bien, ce qui est la même chose :

$$1 : tangA :: tangB : RE;$$

donc
$$RE = tangA\, tangB$$

et par suite
$$EO = 1 - tangA\, tangB;$$

mais
$$EO : EF :: RO : RI,$$

ou bien $1 - tangA\, tangB : tangA + tangB :: 1 : RI,$

d'où
$$RI = \frac{tangA + tangB.}{1 - tangA\, tangB.}$$

Reste à démontrer que angle ROI = angle DOC.

En effet, les triangles rectangles CFG et DRE sont semblables comme renfermant des angles opposés du parallélogramme CDEF, donc

$$RE : CG :: DE : FG;$$

mais on a aussi, à cause des parallèles EG, RC,

$$RE : CG :: EO : OG,$$

d'où
$$DE : FG :: EO : OG;$$

mais d'un autre côté

$$\text{angle } RED = \text{angle } CGF$$

donc
$$\text{angle } DEO = \text{angle } FGO$$

et par conséquent les triangles DEO, FGO sont semblables comme ayant un angle égal compris entre côtés proportionnels; on aura donc aussi :

$$\text{angle } EOD = \text{angle } GOF$$

et par suite

$$\text{angle } ROI = \text{angle } DOC = \text{angle } (A + B).$$

2° *Tang* (A — B).

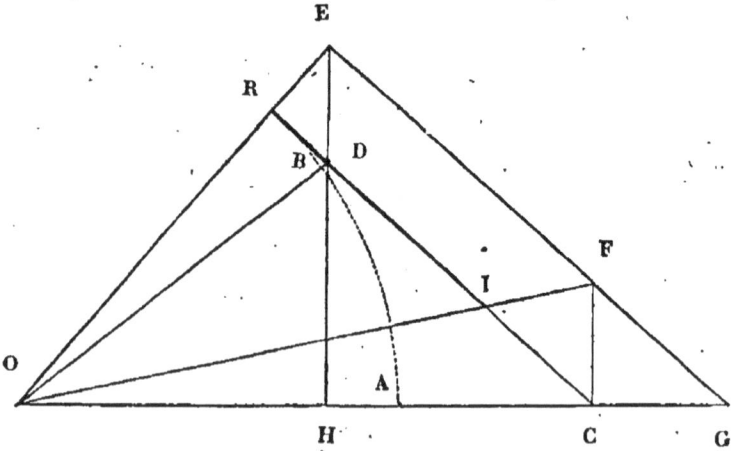

Soient les désignations des lignes les mêmes comme dans la figure précédente, avec la différence que l'arc BR se trouve ici retranché de AR et que CD est la différence des deux tangentes au lieu d'être leur somme; en répétant, au reste, le même raisonnement, on trouve :

$$RI = \frac{tangA - tangB.}{1 + tangA \, tangB.}$$

Il reste à démontrer, comme ci-dessus, que

angle ROI = angle DOC = angle(A — B),

ce qui se fera de la même manière, en remarquant toutefois que les angles CFG et EDR ne sont pas ici les angles opposés du parallélogramme CDEF, mais qu'ils sont internes-alternes avec eux, ce qui ne prouve pas moins leur égalité.

C. Q. F. D.

N° 18.

Les figures renfermées dans ce cadre étant très-connues, je puis me borner à quelques observations relatives à la seconde qui représente une formule fondamentale de la trigonométrie.

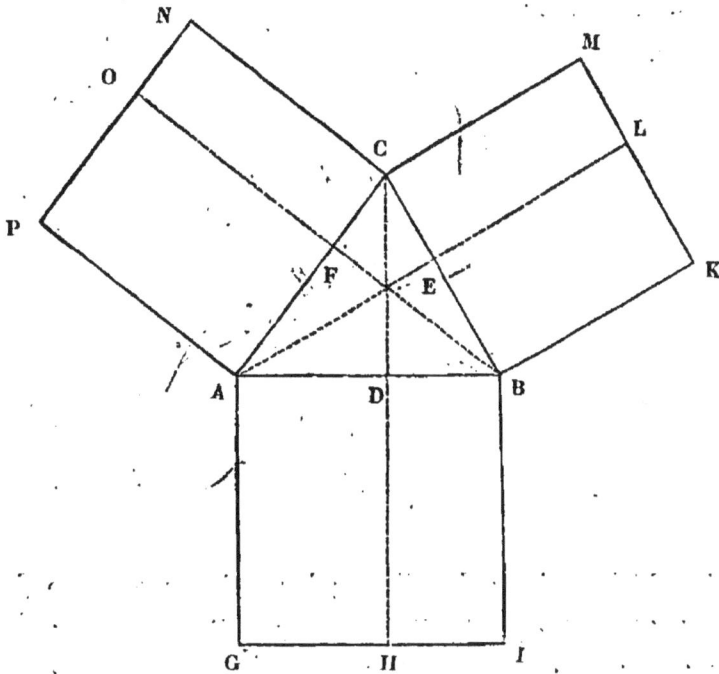

Les trois perpendiculaires abaissées des sommets d'un triangle sur les côtés opposés, partagent les carrés faits sur ces côtés en six rectangles qui sont équivalents deux à deux.

En effet, en désignant par A, B, C les angles du triangle, et par a, b, c, suivant l'usage, les côtés qui leur sont opposés, on aura :

$$AD = b \cos A, \qquad AF = c \cos A,$$
$$BE = c \cos B, \qquad BD = a \cos B,$$
$$CF = a \cos C, \qquad CE = b \cos C,$$

et par suite on aura pour valeurs des rectangles :

$$ADHG = c \, (b \cos A), \qquad AFOP = b \, (c \cos A),$$
$$BELK = a \, (c \cos B), \qquad BDHI = c \, (a \cos B),$$
$$CFON = b \, (a \cos C), \qquad CELM = a \, (b \cos C),$$

mais
$$c \, (b \cos A) = b \, (c \cos A) = bc \cos A,$$
$$a \, (c \cos B) = c \, (a \cos B) = ac \cos B,$$
$$b \, (a \cos C) = a \, (b \cos C) = ab \cos C.$$

Il résulte de la même construction que

$$a^2 = ab\,cosC + ac\,cosB,$$
$$b^2 = ab\,cosC + bc\,cosA,$$
$$c^2 = ac\,cosB + bc\,cosA,$$

d'où on tirera facilement $a^2 + b^2 - c^2 = 2\,ab\,cosC$, etc.

La démonstration géométrique du théorème ci-dessus est très-simple.

En effet, les triangles BAF et CAD sont semblables comme rectangles et ayant l'angle A commun, on aura donc

$$AB : AC :: AF : AD,$$

d'où $\qquad AB \times AD = AC \times AF.$

Il est évident qu'en raisonnant de même pour les autres rectangles, on aura :

$$AC \times CF = BC \times CE$$

et $\qquad BC \times BE = AB \times BD.$

Tableau figuratif des principales formules de la Trigonométrie rectiligne, par C. G. MÜNCH, Directeur de l'École industrielle municip.ᵉ de Strasbourg.